Delight in Knowledge

温柔手感　机缝室内鞋

李佩陵◎著

河南科学技术出版社
·郑州·

享受布艺带来的满足与快乐

从什么时候开始玩手作已经不记得了，成立“哈草薄荷猫手作铺”博客也是进入职场几年后的事，下了班玩玩布艺是我的一大乐事，从买布、配布到构思，每完成一件作品，也就带来一份满足与喜悦。

我也喜欢买书，即使书柜已经放不下了，但看到漂亮的手作书，总忍不住要买回家欣赏、学习和收藏。所以，我也很高兴能有机会出版属于自己的手作书，当然也非常感谢编辑 Lina 和摄影师阿威，若不是他们的大力支持，这本书不可能顺利完成。

本书中的作品都是我反复思考后的成果，希望您会喜欢，并能根据步骤图完成属于自己的室内鞋。

李佩陵

目录

Part1
基本款——
简单就是美

制作方法 P66

01

回到家，只想好好地放松自己，
换上舒服的布拖鞋，
播放一张喜欢的CD，煮杯咖啡，
让咖啡香弥漫在空气中，
这就是最惬意的享受。

制作方法 *P68*

02

先染布的温柔色调，
搭配棉麻印花布的素雅，
喜欢这样的搭配，
简单、自在。

制作方法 *P67*

03

换个颜色，换个心情，
换个款式，换个造型，
今天，你喜欢哪个？

04

喜欢
布拖鞋把脚包裹起来的感觉，
软软的，暖暖的，
带来一天的好心情。

制作方法 P69

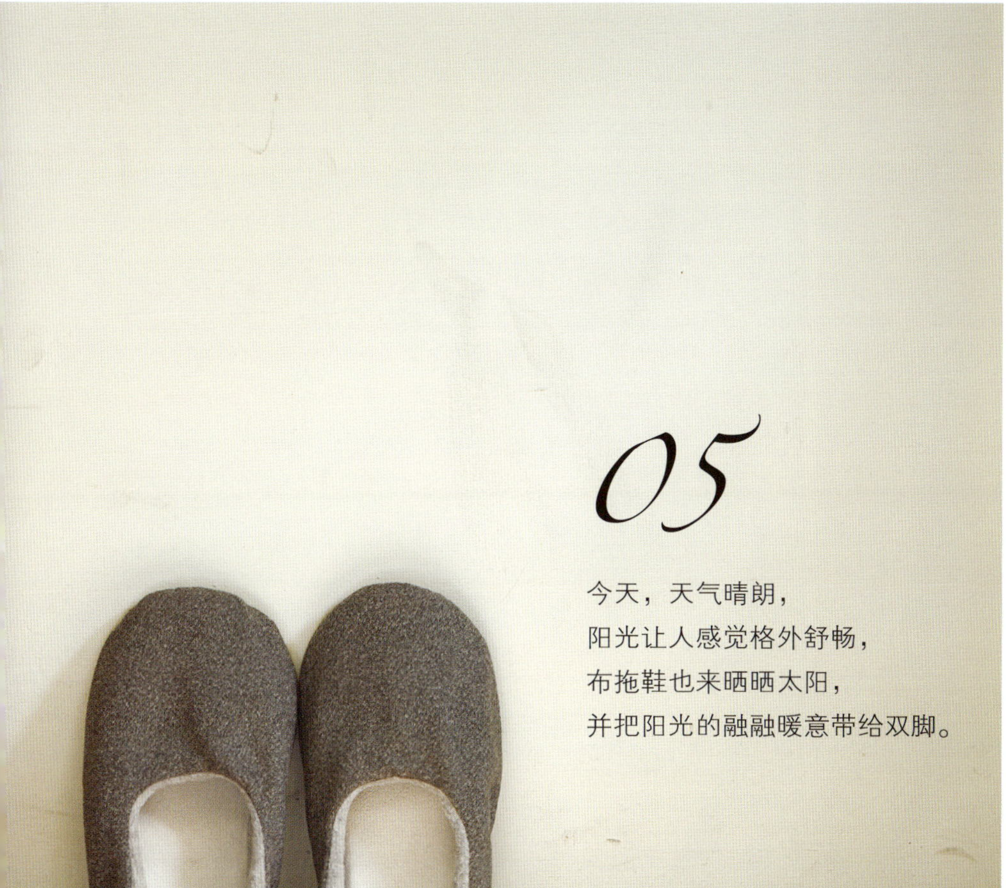

05

今天，天气晴朗，
阳光让人感觉格外舒畅，
布拖鞋也来晒晒太阳，
并把阳光的融融暖意带给双脚。

制作方法 P70

06

将不同款式的蕾丝搭配在一起，
素白的娃娃鞋也变得雅致起来。

制作方法 P71

Part 2

低跟款——

自在的优雅，也是一种幸福

07

制作方法 P72

制作方法 P73

08

完成布拖鞋的午后，
忍不住散步去品尝了德国手工蛋糕。
浓郁的蛋糕香，
配上香甜的蜂蜜拿铁，
手作与美食都有带给人好心情的魔法。

09

偶尔，当个小朋友，
看看故事书，翻翻绘本，
忘掉成人世界里的烦恼，
享受当下的快乐。

制作方法 P74

制作方法 *P74*

制作方法 *P74*

10

11

黑色线条交错的棉麻布，
微皱不平滑的触感，
自然且舒适地包裹着双脚，
给人温暖与自在感。

Part3

踩脚鞋款——

随性或认真任你选择

12

喜欢将多种花色的印花棉麻布组合在一起，
巧妙地在花朵与细格纹布拼接处缝上蕾丝，
鞋面还搭配了同色系格子布，
轻轻松松地享受配布的乐趣。

随性或认真
任你选择

制作方法 P75

制作方法 *P76*

13

将同色系但材质不同的布组合在一起，
再配上自制小布扣，
就能完成感觉相似却又颇具变化的设计。

14

素色棉麻布，
搭配素雅的印花棉麻布，
大同中有小异，给人带来惊喜。

制作方法 *P77*

制作方法 *P78*

15

折布后再机缝，让鞋面多了变化，
点缀在格子布上的小纽扣，
像极了散落的糖果。

16

充满咖喱感的浓郁配色，
让人心生欢喜。
晚餐就煮咖喱吧，
让家里充满异国的香气。

制作方法 P75

Part4

娃娃鞋款——

给心里装着孩子的大人

制作方法 P79

17

小时候，
奶奶常在院子里边洗头发，
边哼唱我听不懂的日文歌。
我就坐在一旁看着她洗头、梳头，
直到把头发盘得整整齐齐。
缝制娃娃鞋时，会不时地想起秀气瘦小的奶奶。

制作方法 *P81*

制作方法 *P80*

18

利用圆点印花布做成的小布扣，
点缀在鞋带上很可爱。

19

剪一朵小花绣在鞋面上，
娃娃鞋本该如此可爱。

制作方法 *P79*

20

给娃娃鞋加上蝴蝶结和蕾丝绣片，
可爱中多了份优雅；
若换成深色布，
就能营造出一种典雅的感觉。

21

白色刺绣棉布搭配复古印花布，
甜美至极。

制作方法 *P82*

22

花边蕾丝最易搭配，
只要稍加点缀，
就是一双优雅又可爱的布拖。

娃娃鞋款——

给心里装着孩子的大人

制作方法 *P83*

DON MELCHOR
D.O. PUENTE ALTO - CHILE
Six Vintages Collection
1988 1989 1995 1997 1998

Part 5

拖鞋款——

向往无拘无束的自由

23

偶尔多点色彩，
跳脱原来的思维模式，
说不定就能遇见另一个丰富的自己。

制作方法 P84

24

缝上彩珠，
让平凡中多点小变化。
生活亦如此，
渴望这样的小变化。

制作方法 P84

制作方法 P84

25

26

爱上手作是种瘾，
想把喜欢的布买下，
想把日暮搬回家，
想把自己丢进各式各样的布海里，
悠游于想象的创作世界。

Part6

芭蕾舞鞋款——

让我们一起舞蹈

27

制作方法 P85

着魔似的迷上法国风，
看的电影是《普罗旺斯紫色薰衣草》，
手上拿的书是80年代的巴黎海报，
听的是Berry的Mademoiselle，
穿的布拖当然也要具备巴黎的优雅。

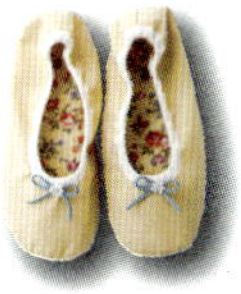

28

喜欢薰衣草的颜色和香气，
希望有一天可以飞到普罗旺斯，
徜徉在紫色花海里，
或是预约下一个夏天，
我们在北海道相见。

制作方法 P85

制作方法 *P85*

29

偶尔在家小资一下，
一壶花茶，
一本小说，
悠闲的午后，
以及，一个快乐的我。

制作方法 *P85*

30

串，串，串，
围成一片片花瓣；
转，转，转，
绕成一朵朵小花。
然后，
让它们轻柔地包覆着辛苦了一天的脚。

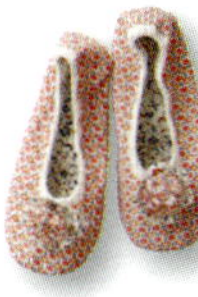

制作方法

写在动手制作之前

纸型

附赠原尺寸纸型，方便大家直接描绘。可到文具店购买透明塑料板，将其直接放于纸型上依线条描绘即可，清楚又方便。绘纸型于布上时，需注意左右脚对称的纸型是相反的，以免完成后发现顺脚了。

缝份

书上所附纸型皆已含 1cm 缝份，请直接以 1cm 缝份制作即可。

尺寸

室内布拖着重舒适与轻松，以穿起来宽松舒适为标准。因每个人脚的尺寸与脚板宽度不同，作者鞋子的尺寸为 23 号半或 24 号，如要加大尺寸，可将缝份由 1cm 改为 0.7cm；若要缩小尺寸，可将缝份由 1cm 改为 1.2cm。不建议缩放太多，以免鞋型改变及拼接时出现尺寸不合的问题。

布衬

因布类选择与厚度的不同，材料列表里没有注明书上作品使用的是哪种布衬，读者可依自己选购的布料厚度来搭配合适的布衬。作者常用较薄的棉麻布搭配厚布衬，一般棉麻布搭配薄布衬，较厚的布则可不加衬或布衬不加缝份。

铺棉

书上部分作品在内底布铺了棉，除了娃娃鞋为窄版鞋型较不适合铺棉外，其余鞋款均可依喜好与选择的布料来决定是否于内底布铺棉，当然，铺棉与否也会产生不同的效果。铺了棉会较柔软与舒适，但同时也增加了缝制的难度。基本款、低跟款、拖鞋款和踩脚款都可在鞋面里布铺棉，这样一来，挺度与舒适度都会提升；娃娃鞋若要铺棉，则建议选择较薄的棉。

止滑布

止滑布又称防滑布，布上有止滑颗粒。厚皮革或厚棉麻布也可拿来当做鞋底布，但止滑效果较弱，穿久后容易滑，较不安全。日本还有一种布拖用鞋底止滑胶，可于布拖完成后一点一点地点上，等干燥硬化后，就会变成透明的橡胶颗粒。

鞋垫

市售的可自行剪裁的鞋垫也可使用，但不宜太厚，以免完成后不易翻折。布拖底部放入鞋垫会比较方便行走，也有保护双脚的作用。

工具

制作布拖所使用的工具为一般常用的手作工具，不需要额外购买布拖专用工具。较常使用的是裁剪垫、裁刀、穿带器、滚边器、水溶性双面胶、锥子、针线、布剪、纸剪、消失笔和奇异衬等。

布的用量

为了让第一次制作布拖的读者清楚知道用布量，书中附有图示说明，尺寸均稍加大了一些。绘于布上时，需注意若左右脚为对称，纸型需绘制一正一反，完成后才会是一左一右。

止缝记号

缝外底布及内底布时，步骤中提到的止缝记号为纸型的止缝记号，止缝记号前为鞋头方向，止缝记号后为鞋跟方向，缝至止缝记号即停止并回针（疏缝不需回针）。

各款室内鞋的做法

基本款（01）

参照纸型 A 面

材料：

鞋面表布	2片	50cm×33cm
鞋面里布（铺棉）	2片	50cm×33cm
外底布	2片	27cm×30cm
内底布（布衬）	2片	27cm×30cm
鞋垫	1双	

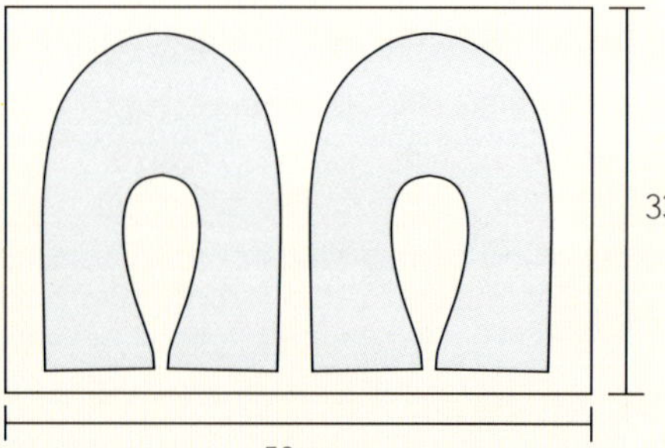

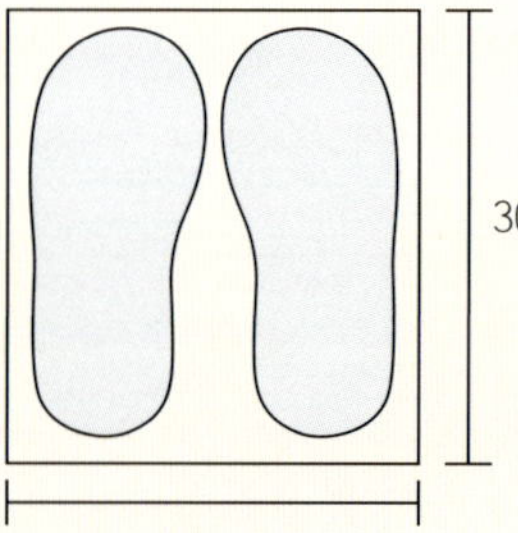

做法：可参照P88“A.基本款室内鞋图解步骤”

01. 将布烫好衬后依纸型裁剪好。
02. 鞋面表布正面朝内对折，机缝脚跟处，并烫开缝份；同法缝制鞋面里布。
03. 鞋面表布与鞋面里布正面相对，用丝针固定内缘，机缝一圈，并剪牙口。
04. 将布翻回正面，固定表布与里布边缘，距边 2~3mm 疏缝一圈。
05. 将固定好的鞋面布与外底布正面相对，用丝针沿外底布边缘固定整圈。
06. 于止缝记号前（鞋头）机缝，止缝记号后疏缝固定。
07. 与内底布正面相对，用丝针固定整圈，并机缝止缝记号后的部分。
08. 将布翻回正面，塞入鞋垫，手缝缝合返口即完成。

基本款（02）

参照纸型 A 面

材料：

鞋面表布组合布A（布衬）	2片	50cm×20cm
鞋面表布组合布B/C（布衬）	2片	25cm×25cm
鞋面表布组合布D（布衬）	2片	18cm×25cm
鞋面里布（铺棉）	2片	50cm×33cm
外底布	2片	27cm×30cm
内底布（布衬）	2片	27cm×30cm
鞋垫	1双	

鞋面表布组合布A（布衬）

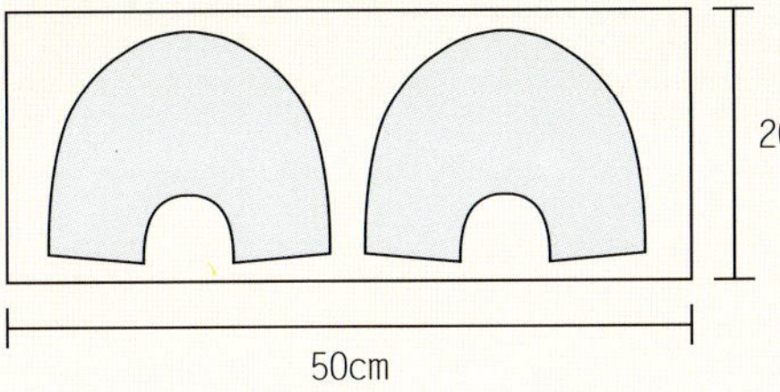

鞋面表布组合布B/C（布衬）

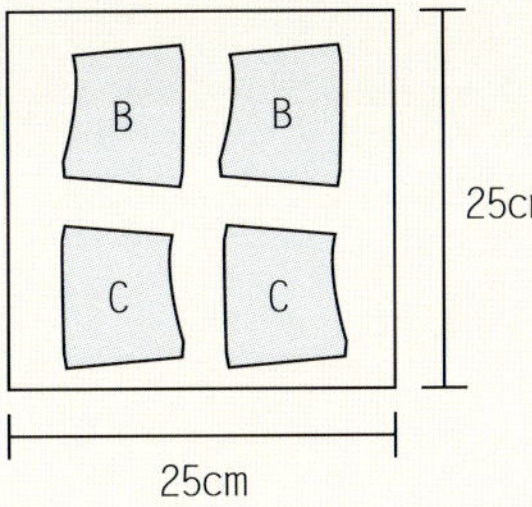

鞋面表布组合布D（布衬）

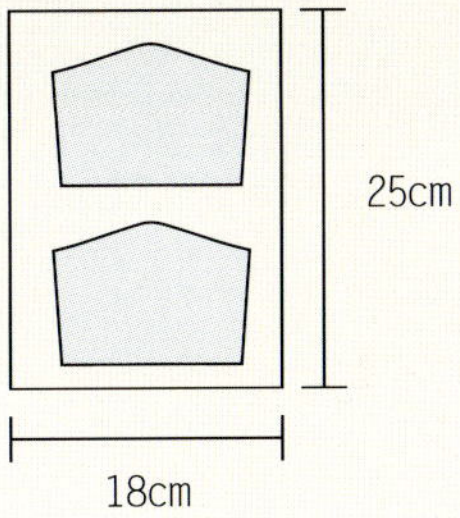

鞋面里布（铺棉）

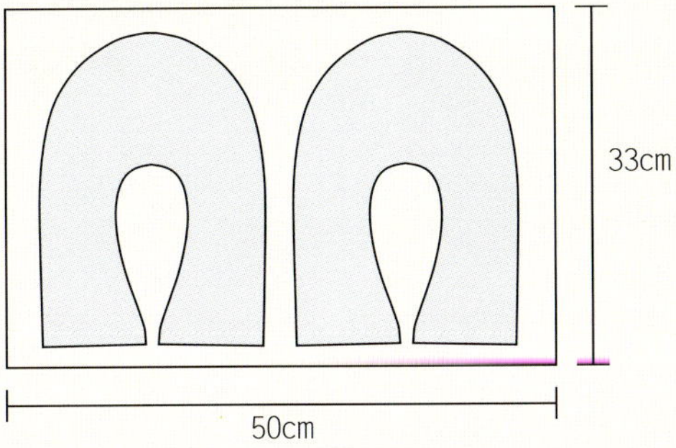

外底布/内底布（布衬）

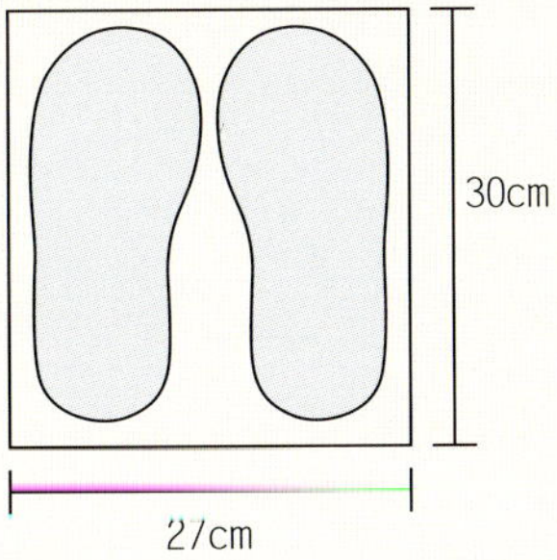

做法：可参照P88“A.基本款室内鞋图解步骤”

01. 将布烫好衬并依纸型裁剪好；鞋面拼接请参照 P98“拼接 II”。
02. 鞋面表布正面朝内对折，机缝脚跟处，并烫开缝份；同法缝制鞋面里布。
03. 将鞋面表布与鞋面里布正面相对，用丝针固定内缘，机缝一圈，并剪牙口。
04. 将布翻回正面，固定表布与里布边缘，距边 2~3mm 疏缝一圈。
05. 将固定好的鞋面布与外底布正面相对，用丝针沿外底布边缘固定整圈。
06. 于止缝记号前（鞋头）机缝，止缝记号后疏缝固定。
07. 与内底布正面相对，用丝针固定整圈，并机缝止缝记号后的部分。
08. 将布翻回正面，塞入鞋垫，手缝缝合返口即完成。

基本款（03） 参照纸型 A 面

材料：

鞋面表布组合布A（布衬）	2片	50cm×27cm
鞋面表布组合布B（布衬）	2片	18cm×25cm
鞋面里布（铺棉）	2片	50cm×33cm
外底布	2片	27cm×30cm
内底布（布衬）	2片	27cm×30cm
鞋垫	1双	
松紧带	2条	1cm×12cm

鞋面表布组合布A（布衬）

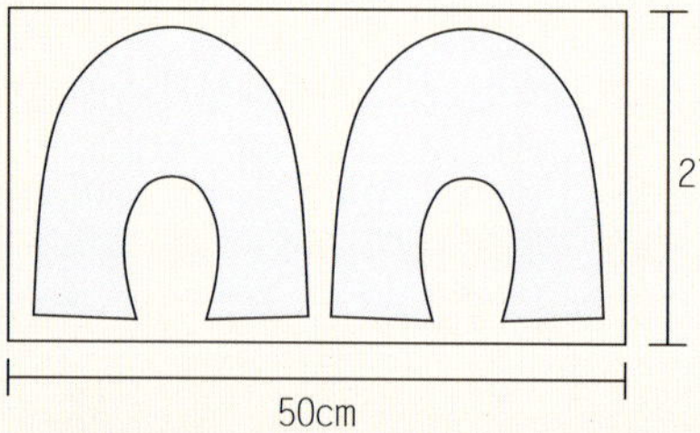

鞋面表布组合布B（布衬）

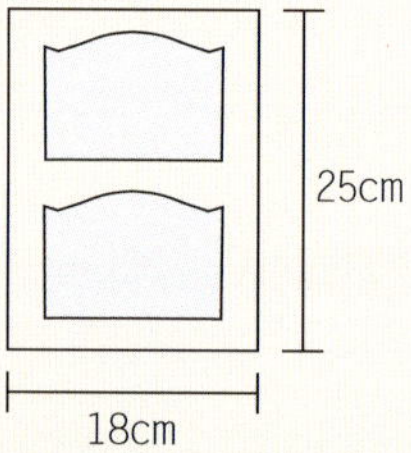

鞋面里布（铺棉）

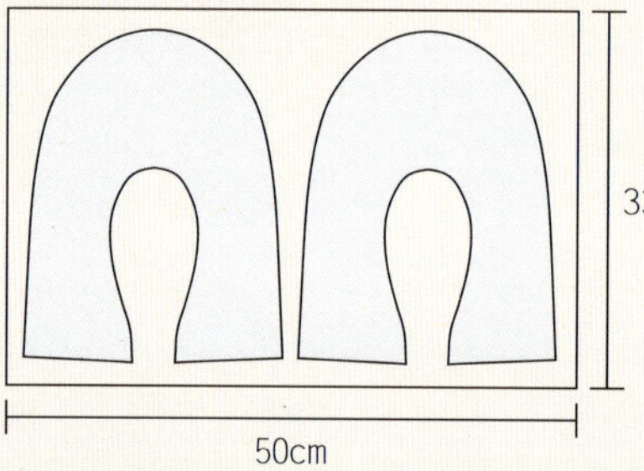

外底布/内底布（布衬）

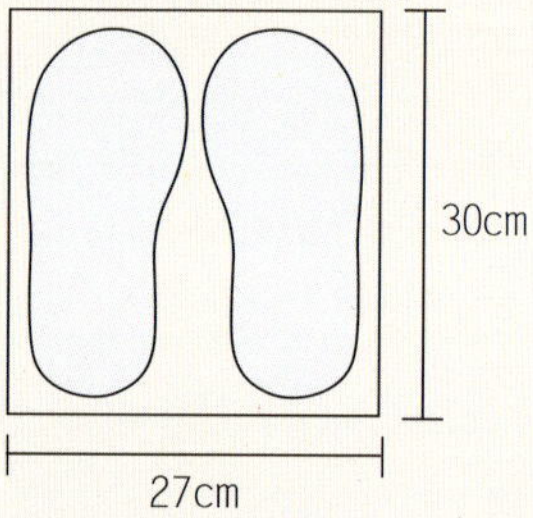

做法：可参照P90“B.脚跟松紧款室内鞋图解步骤”

01. 将布烫好衬并依纸型裁剪好；鞋面拼接请参照 P98“拼接 II ”步骤 04~06 制作，拼接好后在组合布 B 两侧绣上线条，鞋跟处绣上英文字母“R”与“L”。
02. 鞋面里布正面朝内对折，机缝脚跟处，并烫开缝份。
03. 将鞋面表布与鞋面里布正面相对，用丝针固定内缘，机缝一圈，并剪牙口。
04. 将布翻回正面，用丝针固定表布与里布边缘。
05. 在组合布 B 布上距离脚跟上缘 1.5cm 处机缝一道直线（需回针），注意起止点。
06. 利用穿带器穿入松紧带，并机缝固定松紧带两端（需回针）。
07. 用丝针固定表布与里布边缘，距边 2~3mm 疏缝一圈。
08. 疏缝后的鞋面布与外底布正面相对，用丝针沿外底布边缘固定整圈。
09. 于止缝记号前（鞋头）机缝，止缝记号后疏缝固定。
10. 与内底布正面相对，用丝针固定整圈，并机缝止缝记号后的部分。
11. 将布翻回正面，塞入鞋垫，手缝缝合返口即完成。

基本款（04）

参照纸型 A 面

材料：

鞋面表布（布衬）	2片	50cm×33cm
鞋面里布（铺棉）	2片	50cm×33cm
外底布	2片	27cm×30cm
内底布（布衬）	2片	27cm×30cm
鞋垫	1双	
织带	2条	7cm

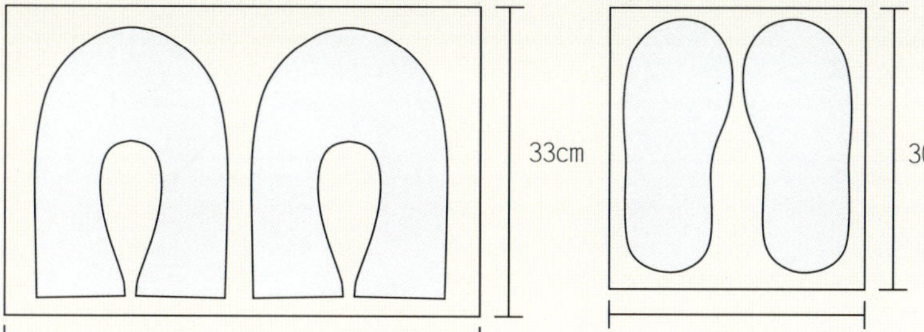

做法：可参照P88“A.基本款室内鞋图解步骤”

01. 将布烫好衬并依纸型裁剪好。
02. 鞋面表布正面朝内对折，机缝脚跟处，并烫开缝份；同法缝制鞋面里布。织带对折，放在鞋面里布（背面）脚跟正面中心位置，距边 5mm 机缝固定。
03. 将鞋面表布与鞋面里布正面相对，用丝针固定内缘，机缝一圈，并剪牙口。
04. 将布翻回正面，固定表布与里布边缘，距边 2~3mm 疏缝一圈。
05. 将固定好的鞋面布与外底布正面相对，用丝针依外底布边缘固定整圈。
06. 于止缝记号前（鞋头）机缝，止缝记号后疏缝固定。
07. 与内底布正面相对，用丝针固定整圈，并机缝止缝记号后的部分。
08. 将布翻回正面，塞入鞋垫，手缝缝合返口即完成。

基本款（05）

参照纸型 A 面

材料：

鞋面表布（布衬）	2片	50cm×33cm
鞋面里布（铺棉）	2片	50cm×33cm
外底布	2片	27cm×30cm
内底布组合布A（布衬）	2片	27cm×25cm
内底布组合布B（布衬）	2片	25cm×12cm
鞋垫	1双	

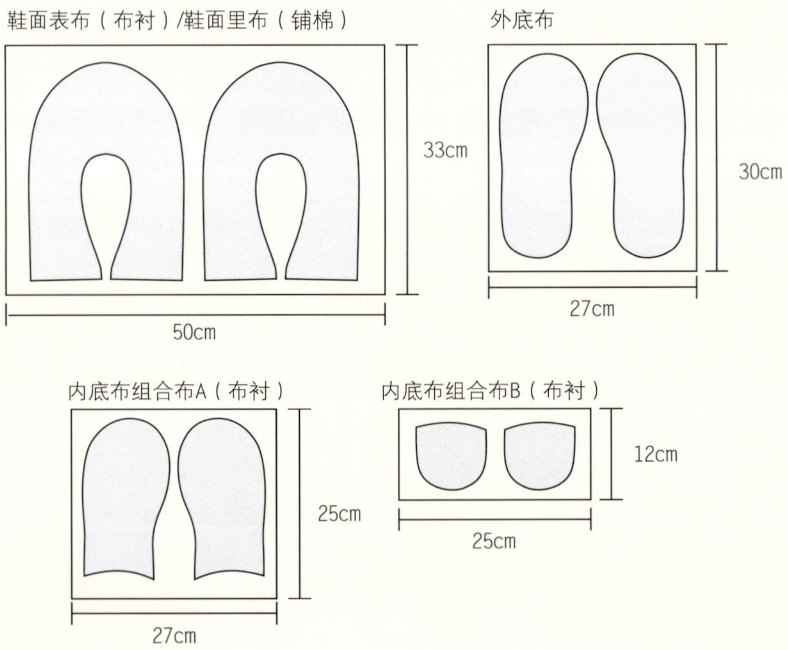

做法：可参照P88“A.基本款室内鞋图解步骤”

01. 将布烫好衬并依纸型裁剪好；鞋底拼接请参照 P98 “拼接Ⅰ”。
02. 鞋面表布正面朝内对折，机缝脚跟处，并烫开缝份；同法缝制鞋面里布。
03. 将鞋面表布与鞋面里布正面相对，用丝针固定内缘，机缝一圈，并剪牙口。
04. 将布翻回正面，固定表布与里布边缘，距边 2~3mm 疏缝一圈。
05. 将固定好的鞋面布与外底布正面相对，用丝针沿外底布边缘固定整圈。
06. 于止缝记号前（鞋头）机缝，止缝记号后疏缝固定。
07. 与内底布正面相对，用丝针固定整圈，并机缝止缝记号后的部分。
08. 将布翻回正面，塞入鞋垫，手缝缝合返口即完成。

基本款（06）

参照纸型 A、B 面

材料：

鞋面表布（布衬）	2片	50cm×33cm
鞋面里布（布衬）	2片	50cm×33cm
外底布	2片	27cm×30cm
内底布（布衬）	2片	27cm×30cm
鞋垫	1双	
鞋带布片	2片	17cm×10cm
按扣	2颗	
蕾丝	适量	

鞋面表布（布衬）/鞋面里布（布衬）

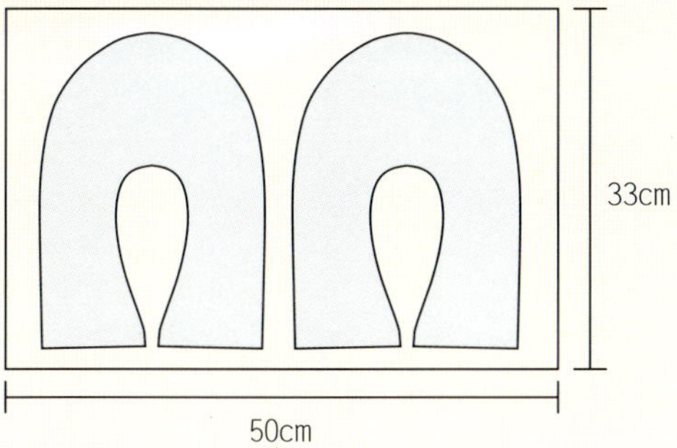

外底布/内底布（布衬）

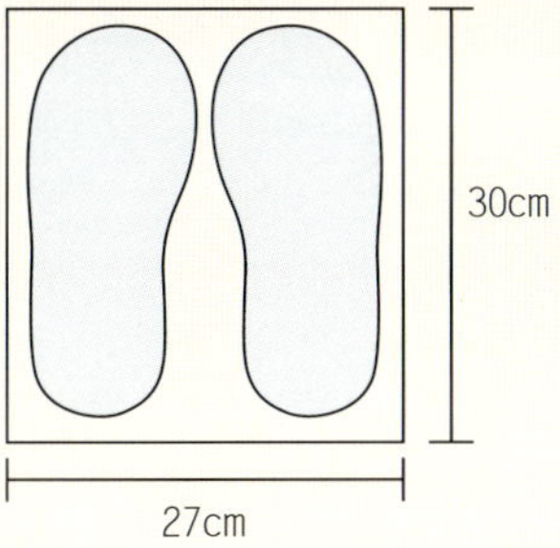

鞋带布片（纸型B面）

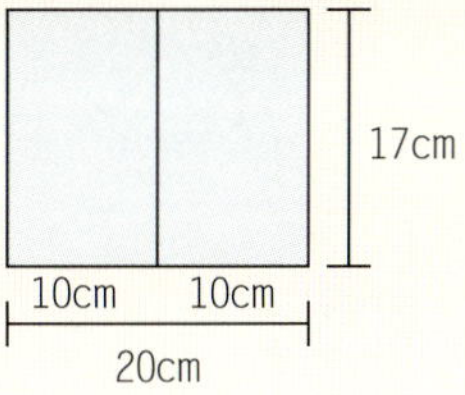

做法：可参照P93“E.扣式直式鞋带图解步骤”

01. 将布烫好衬并依纸型裁剪好。
02. 在鞋带表布中央处机缝上蕾丝，正面朝内对折，中间预留 3.5cm 返口，机缝固定。
03. 烫开缝份，机缝左右两侧，将布翻回正面，手缝缝合返口。
04. 鞋面做法请参照 P88“A．基本款室内鞋图解步骤 03~07”。
05. 将鞋带与鞋面重叠处沿边手缝固定好。
06. 将固定好的鞋面布与外底布正面相对，用丝针沿外底布边缘固定整圈。
07. 于止缝记号前（鞋头）机缝，止缝记号后疏缝固定。
08. 与内底布正面相对，用丝针固定整圈，并机缝止缝记号后的部分。
09. 将布翻回正面，塞入鞋垫，手缝缝合返口即完成。

低跟款（07）

参照纸型 A 面

材料：

鞋面表布（布衬）	2片	50cm×33cm	鞋垫	1双	
鞋面里布（铺棉）	2片	50cm×33cm	小熊图形表布	2片	6cm×10cm
外底布	2片	27cm×30cm	奇异衬	2片	6cm×10cm
内底布（布衬）	2片	27cm×30cm	蕾丝	适量	

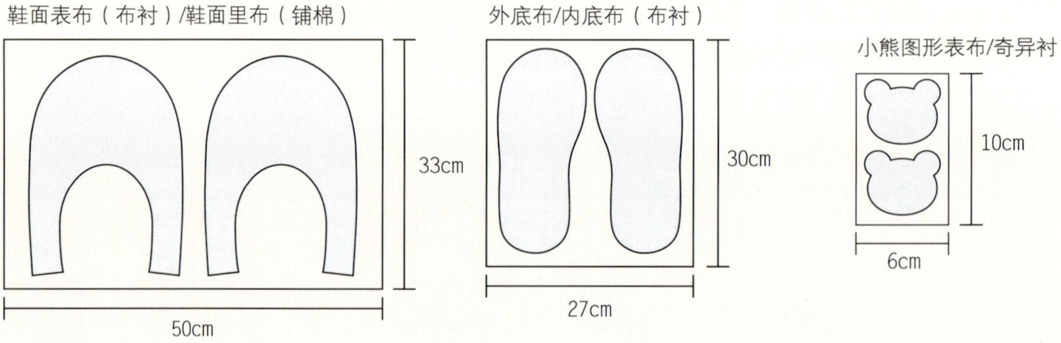

做法：可参照P88“A.基本款室内鞋图解步骤”

01. 将布烫好衬并依纸型裁剪好；在鞋面表布机缝上蕾丝，鞋面图案请参照 P102“密针缝”。
02. 鞋面表布正面朝内对折，机缝脚跟处，并烫平缝份；同法缝制鞋面里布。
03. 将鞋面表布与鞋面里布正面相对，用丝针固定内缘，机缝一圈，并剪牙口。
04. 将布翻回正面，固定表布与里布边缘，距边 2~3mm 疏缝一圈。
05. 将固定好的鞋面布与外底布正面相对，用丝针沿外底布边缘固定整圈。
06. 于止缝记号前（鞋头）机缝，止缝记号后疏缝固定。
07. 与内底布正面相对，用丝针固定整圈，并机缝止缝记号后的部分。
08. 将布翻回正面，塞入鞋垫，手缝缝合返口即完成。

低跟款（08） 参照纸型 A、B 面

材料：

鞋面表布（布衬）	2片	50cm×33cm	鞋垫	1双	
鞋面里布（铺棉）	2片	50cm×33cm	布扣圆形布片	1片	直径6cm
外底布	2片	27cm×30cm	铝制包扣	1颗	直径2.7cm
内底布组合布A（布衬）	2片	27cm×23cm	蕾丝	适量	
内底布组合布B（布衬）	2片	24cm×13cm			

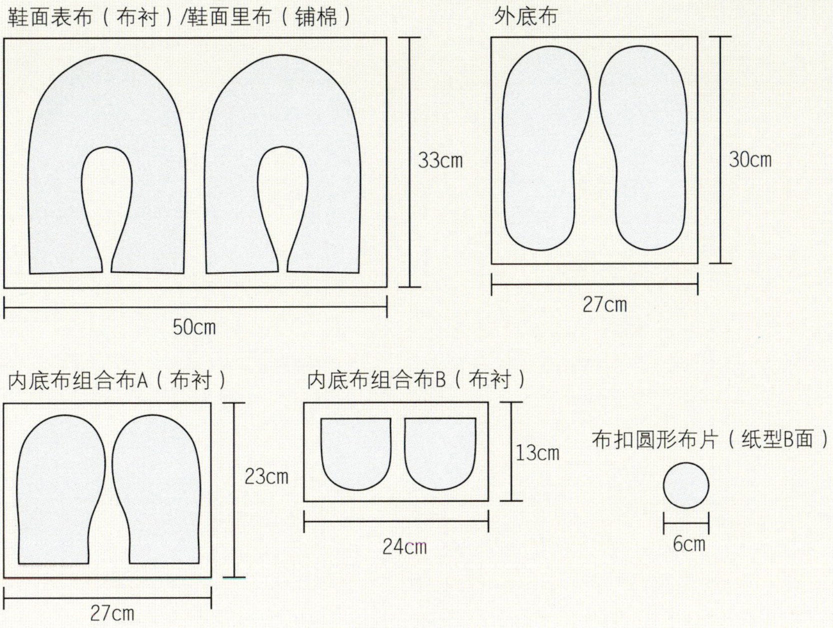

做法：可参照P88“A.基本款室内鞋图解步骤”

01. 将布烫好衬并依纸型裁剪好；在鞋面表布机缝上蕾丝；鞋底拼接请参照 P99“拼接 Ⅲ”；布扣请参照 P101“布扣”。
02. 鞋面表布正面朝内对折，机缝脚跟处，并烫开缝份；同法缝制鞋面里布。
03. 将鞋面表布与鞋面里布正面相对，用丝针固定内缘，机缝一圈，并剪牙口。
04. 将布翻回正面，固定表布与里布边缘，距边 2~3mm 疏缝一圈。
05. 将固定好的鞋面布与外底布正面相对，用丝针沿外底布边缘固定整圈。
06. 于止缝记号前（鞋头）机缝，止缝记号后疏缝固定。
07. 与内底布正面相对，用丝针固定整圈，并机缝止缝记号后的部分。
08. 将布翻回正面，塞入鞋垫，手缝缝合返口即完成。

低跟款（09） 参照纸型 A 面

材料：

鞋面表布（布衬）	2片	50cm×33cm
鞋面里布（铺棉）	2片	50cm×33cm
外底布	2片	27cm×30cm
内底布（布衬）	2片	27cm×30cm
鞋垫	1双	
绣线（白色、黄色）适量		

低跟款（10、11） 参照纸型 A 面

材料：

鞋面表布（布衬）	2片	50cm×33cm
鞋面里布（铺棉）	2片	50cm×33cm
外底布	2片	27cm×30cm
内底布（布衬）	2片	27cm×30cm
鞋垫	1双	

鞋面表布（布衬）/鞋面里布（铺棉）

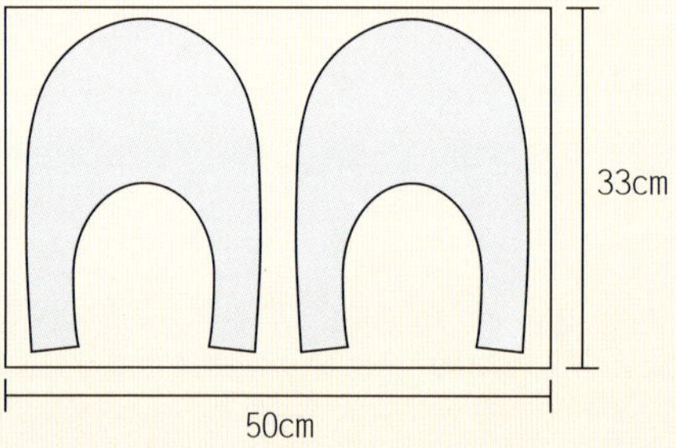

外底布/内底布（布衬）

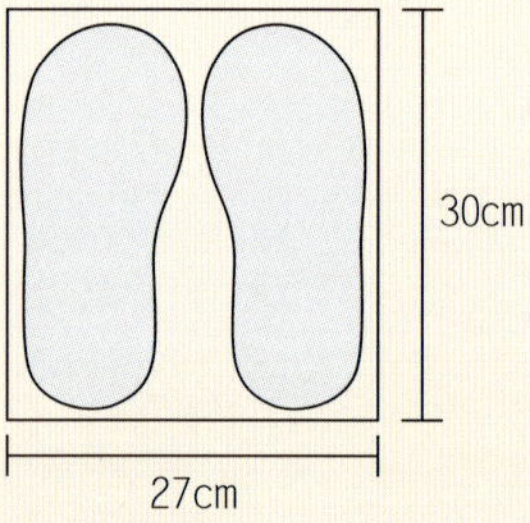

刺绣图案

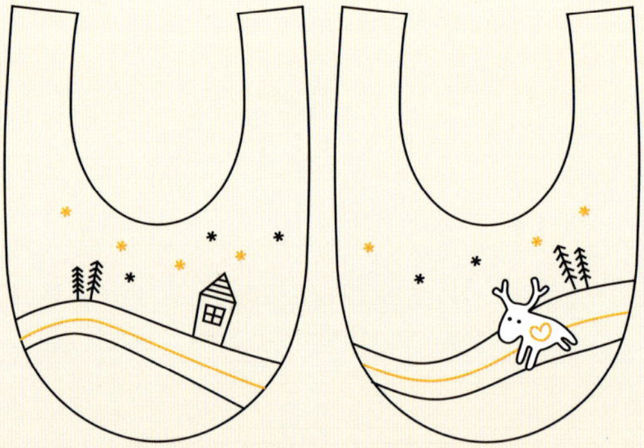

做法：可参照P88“A.基本款室内鞋图解步骤”

01. 将布烫好衬并依纸型裁剪好。

02. 鞋面表布正面朝内对折，机缝脚跟处，并烫开缝份；同法缝制鞋面里布。

03. 将鞋面表布与鞋面里布正面相对，用丝针固定内缘，机缝一圈，并剪牙口。

04. 将布翻回正面，固定表布与里布边缘，距边 2~3mm 疏缝一圈。

05. 将固定好的鞋面布与外底布正面相对，用丝针沿外底布边缘固定整圈。

06. 于止缝记号前（鞋头）机缝，止缝记号后疏缝固定。

07. 与内底布正面相对，用丝针固定整圈，并机缝止缝记号后的部分。

08. 将布翻回正面，塞入鞋垫，手缝缝合返口即完成。

注：No.09 鞋子应在步骤 01 为鞋面绣上图案。

踩脚款（12、16） 参照纸型 B 面

材料：

鞋面表布（布衬）	2片	50cm×25cm
鞋面里布（铺棉）	2片	50cm×25cm
鞋跟布（铺棉）	2片	24cm×24cm（铺棉不含缝份）
外底布	2片	30cm×30cm
内底布（铺棉）	2片	30cm×30cm
鞋垫	1双	

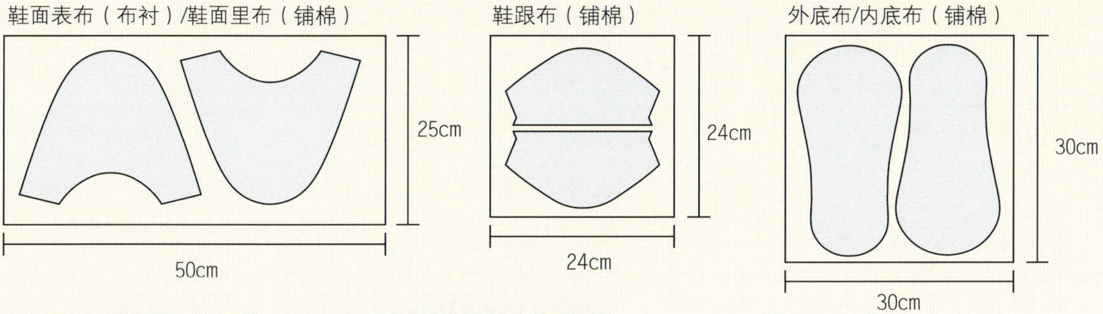

做法：可参照P91“C.踩脚室内鞋图解步骤”

01. 将布烫好衬并依纸型裁剪好，鞋跟布铺棉不含缝份。
02. 鞋跟布上缘内折 1cm，烫平后距边 2mm 机缝一道。
03. 将鞋面表布与鞋面里布正面相对，用丝针固定内缘并机缝，剪牙口。
04. 将鞋跟布夹入鞋面布中（正面相对），对齐边缘，机缝一道，另一边用同样的缝制方法，完成后修剪掉直角。
05. 将布翻回正面，固定表布与里布边缘，距边 2~3mm 疏缝一圈。
06. 鞋面布与外底布正面相对，用丝针固定整圈，止缝记号前（鞋头）疏缝固定，止缝记号后（鞋跟）机缝固定。
07. 与内底布正面相对，用丝针固定整圈，机缝止缝记号前（鞋头）的部分。
08. 将布翻回正面，塞入鞋垫并手缝缝合返口。
09. 鞋子翻回正面，向下平压鞋跟布，手缝缝合鞋跟布上缘与鞋面即完成。

踩脚鞋款（13） 参照纸型 A、B 面

材料：

鞋面表布组合布A/C（布衬）	2片	30cm×45cm
鞋面表布组合布B（布衬）	2片	14cm×20cm
鞋面里布（铺棉）	2片	50cm×25cm
鞋跟布（铺棉）	2片	24cm×24cm（铺棉不含缝份）
外底布	2片	30cm×30cm
内底布（铺棉）	2片	30cm×30cm
鞋垫	1双	
鞋扣圆形布片	4片	直径4cm
铝制包扣	4颗	直径1.8cm

鞋面表布组合布A/C（布衬）

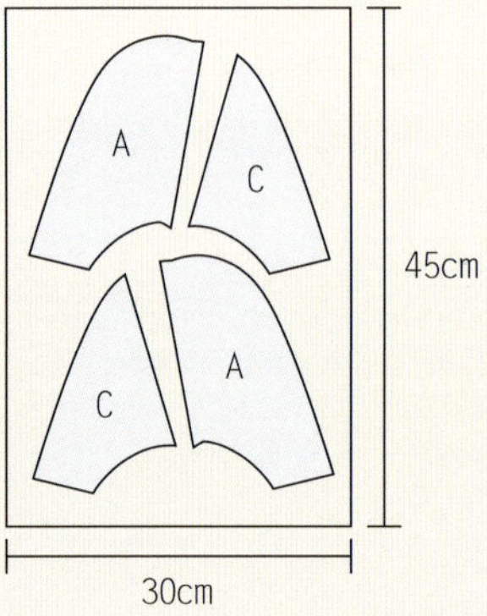

鞋面表布组合布B（布衬）

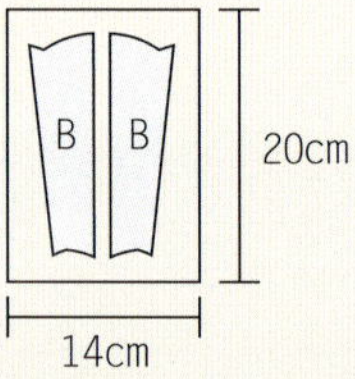

外底布/内底布（铺棉）

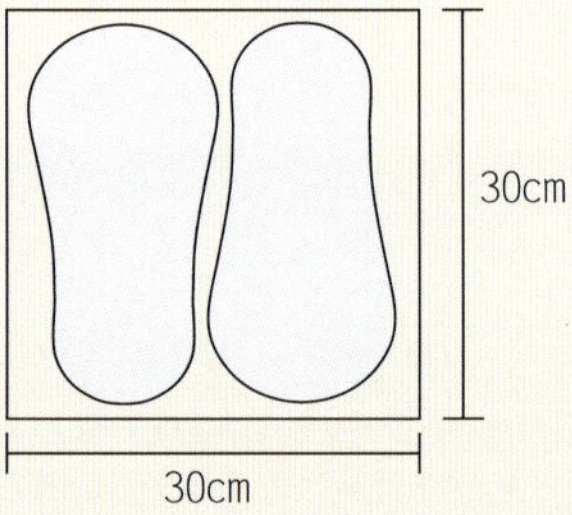

鞋面里布（铺棉）

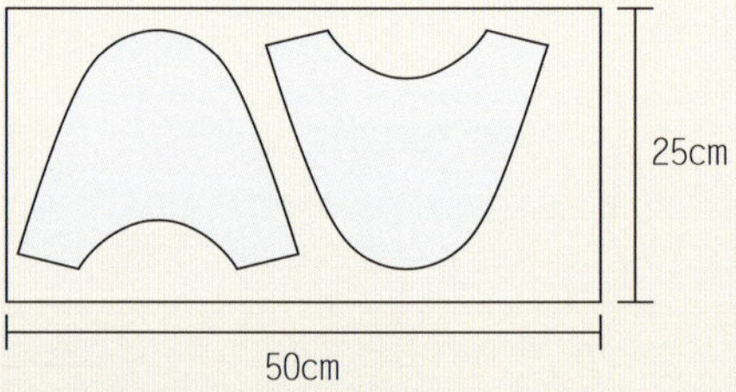

鞋跟布（铺棉）

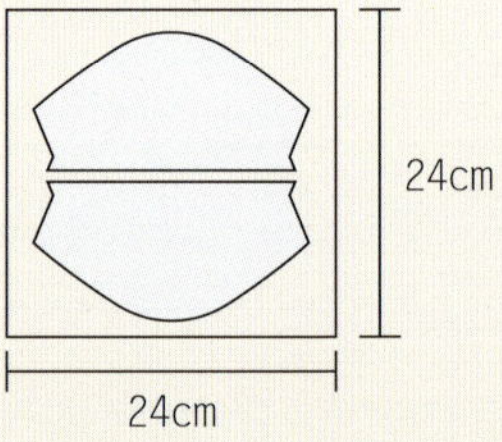

做法：可参照P91“C.踩脚室内鞋图解步骤”

01. 将布烫好衬并依纸型裁剪好；鞋面拼接请参照 P99“拼接Ⅳ”；布扣请参照 P101“布扣”。
02. 鞋跟布上缘内折 1cm，烫平后距边 2mm 机缝一道。
03. 将鞋面表布与鞋面里布正面相对，用丝针固定内缘并机缝，剪牙口。
04. 将鞋跟布夹入鞋面布中（正面相对），对齐边缘，机缝一道，另一边用同样的缝制方法，完成后修剪掉直角。
05. 将布翻回正面，固定表布与里布边缘，距边 2~3mm 疏缝一圈。
06. 鞋面布与外底布正面相对，用丝针固定整圈，止缝记号前（鞋头）疏缝固定，止缝记号后（鞋跟）机缝固定。
07. 与内底布正面相对，用丝针固定整圈，机缝止缝记号前（鞋头）的部分。
08. 将布翻回正面，塞入鞋垫并手缝缝合返口。
09. 鞋子翻回正面，往下平压鞋跟布，手缝缝合鞋跟布上缘与鞋面即完成。

踩脚鞋款（14） 参照纸型 A、B 面

材料：

鞋面表布组合布A（布衬）	2片	37cm×25cm	
鞋面表布组合布B（布衬）	2片	23cm×25cm	
鞋面里布（铺棉）	2片	50cm×25cm	
鞋跟布（铺棉）	2片	24cm×24cm	（铺棉不含缝份）
外底布	2片	30cm×30cm	
内底布（铺棉）	2片	30cm×30cm	
鞋垫	1双		
蕾丝	适量		

鞋面表布组合布A（布衬）

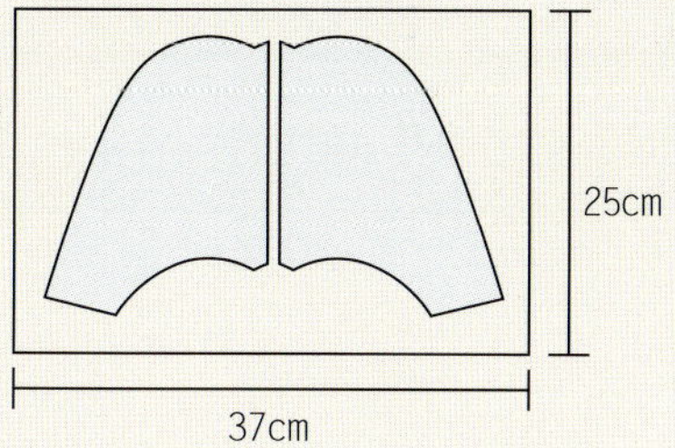

鞋面表布组合布B（布衬）

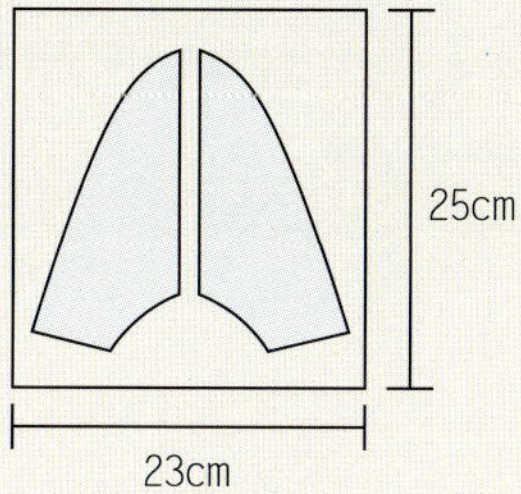

鞋面里布（铺棉）

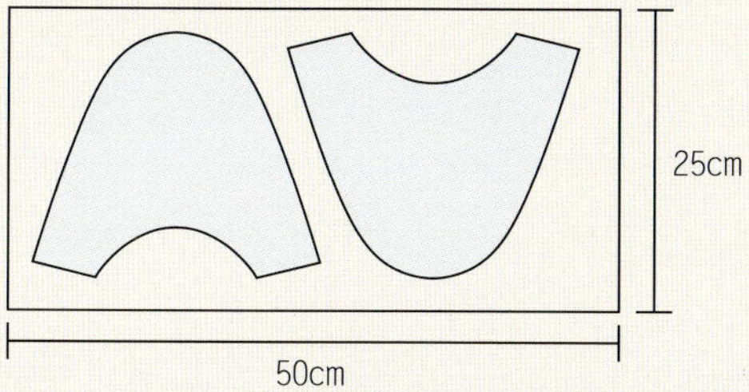

鞋跟布（铺棉）

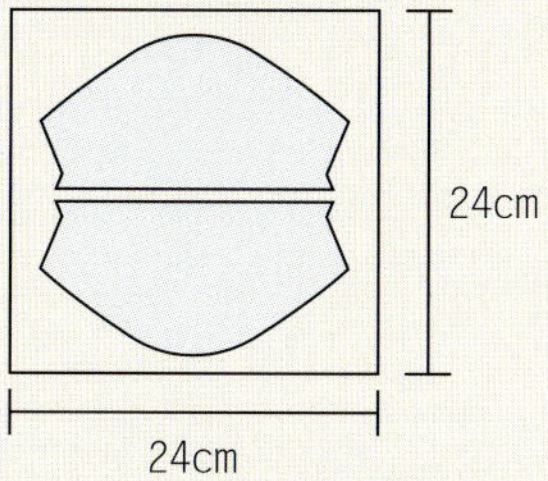

外底布/内底布（铺棉）

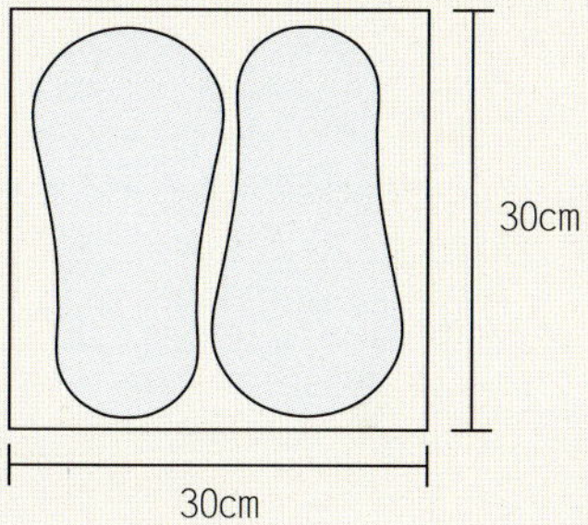

做法：**可参照P91“C.踩脚室内鞋图解步骤”**

01. 将布烫好衬并依纸型裁剪好，鞋跟布铺棉不含缝份。
02. 将鞋面表布组合布 A 与 B 正面相对，缝合后烫开缝份，在正面机缝上蕾丝。
03. 鞋跟布上缘内折 1cm，烫平后距边 2mm 机缝一道。
04. 将鞋面表布与鞋面里布正面相对，用丝针固定内缘并机缝，剪牙口。
05. 将鞋跟布夹入鞋面布中（正面相对），对齐边缘，机缝一道，另一边用同样的缝制方法，完成后修剪掉直角。
06. 将布翻回正面，固定表布与里布边缘，距边 2~3mm 疏缝一圈。
07. 鞋面布与外底布正面相对，用丝针固定整圈，止缝记号前（鞋头）疏缝固定，止缝记号后（鞋跟）机缝固定。
08. 与内底布正面相对，用丝针固定整圈，机缝止缝记号前（鞋头）的部分。
09. 将布翻回正面，塞入鞋垫并手缝缝合返口。
10. 鞋子翻回正面，往下平压鞋跟布，手缝缝合鞋跟布上缘与鞋面即完成。

踩脚鞋款（15）

参照纸型 A、B 面

材料：

鞋面表布（布衬）	2片	58cm×25cm	
鞋面里布（铺棉）	2片	50cm×25cm	
鞋跟布（铺棉）	2片	24cm×24cm	（铺棉不含缝份）
外底布	2片	30cm×30cm	
内底布（铺棉）	2片	30cm×30cm	
鞋垫	1双		
彩色小纽扣	6颗		
蕾丝	适量		

鞋面表布（布衬）

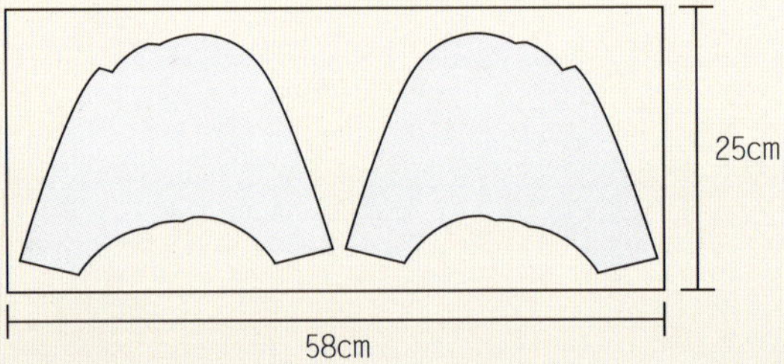

鞋面里布（铺棉）

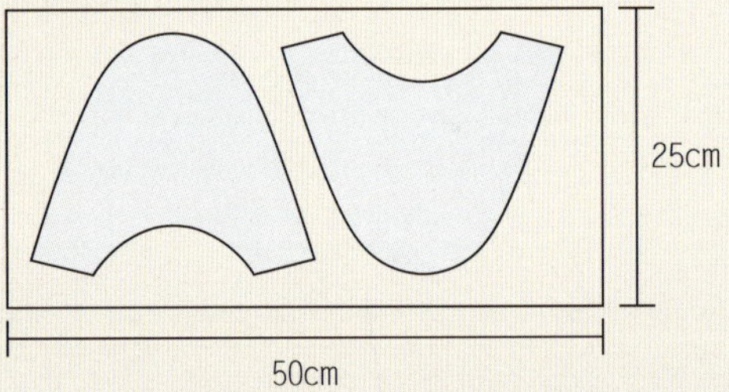

鞋跟布（铺棉）

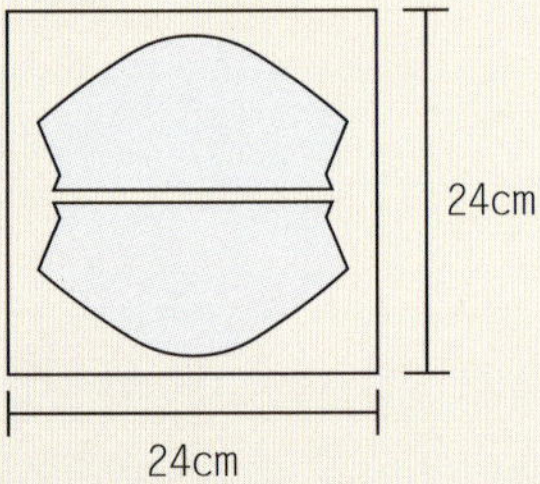

外底布/内底布（铺棉）

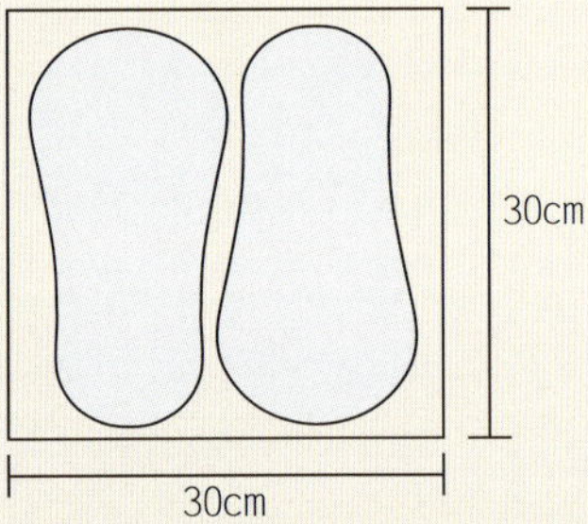

做法：可参照P91“C.踩脚室内鞋图解步骤”

01. 将布烫好衬并依纸型裁剪好，鞋跟布铺棉不含缝份；鞋面折法请参照 P100 “折法”。
02. 用丝针固定鞋跟布与蕾丝后机缝，鞋跟布上缘内折 1cm，烫平后距边 2mm 机缝一道。
03. 将鞋面表布与鞋面里布正面相对，用丝针固定内缘并机缝，剪牙口。
04. 将鞋跟布夹入鞋面布中（正面相对），对齐边缘，机缝一道，另一边用同样的缝制方法，完成后修剪掉直角。
05. 将布翻回正面，固定表布与里布边缘，距边 2~3mm 疏缝一圈。
06. 鞋面布与外底布正面相对，用丝针固定整圈，止缝记号前（鞋头）疏缝固定，止缝记号后（鞋跟）机缝固定。
07. 与内底布正面相对，用丝针固定整圈，于止缝记号前（鞋头）机缝固定。
08. 将布翻回正面，塞入鞋垫并手缝缝合返口。
09. 鞋子翻回正面，往下平压鞋跟布，手缝缝合鞋跟布上缘与鞋面。
10. 在鞋面手缝上彩色小纽扣即完成。

圭娃鞋款（17、20）　参照纸型 B 面

材料：

鞋面表布（布衬）	2片	50cm×33cm
鞋面里布（布衬）	2片	50cm×33cm
外底布	2片	27cm×30cm
内底布（布衬）	2片	27cm×30cm
鞋垫	1双	
松紧带	2条	1cm×12cm
NO.17：蝴蝶结布片	2片	7cm×7cm
NO.20：蝴蝶结蕾丝绣片	2片	

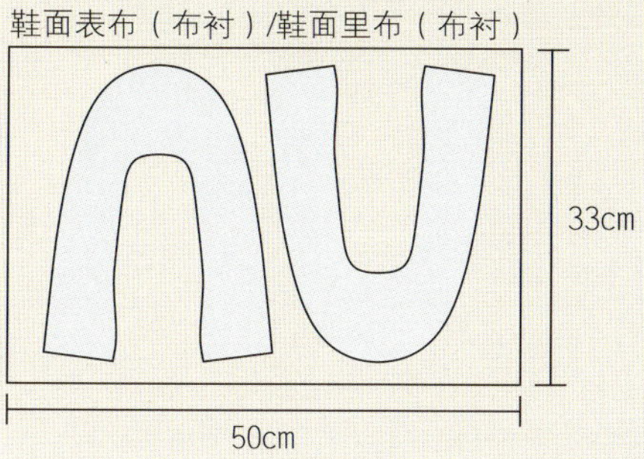

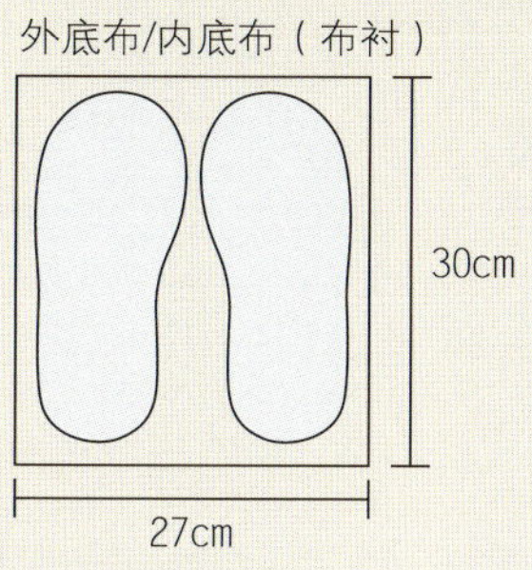

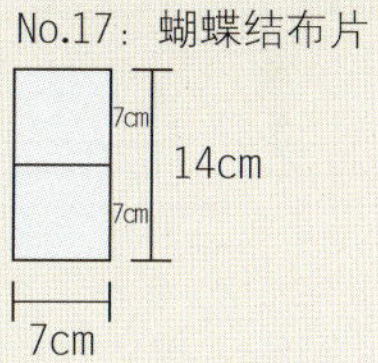

做法：可参照P90“B.脚跟松紧款室内鞋图解步骤”

01. 将布烫好衬并依纸型裁剪好。
02. 鞋面里布正面朝内对折，机缝脚跟处，并烫开缝份。
03. 将鞋面表布与鞋面里布正面相对，用丝针固定内缘，机缝一圈，并剪牙口。
04. 将布翻回正面，用丝针固定表布与里布边缘。
05. 在距离脚跟上缘 1.5cm 处机缝一道直线（需回针），要注意起止点。
06. 利用穿带器穿入松紧带，并机缝固定松紧带两端（需回针）。
07. 用丝针固定表布与里布边缘，距边 2~3mm 疏缝一圈。
08. 将鞋面布与外底布正面相对，用丝针沿外底布边缘固定整圈。
09. 于止缝记号前（鞋头）机缝固定，止缝记号后疏缝固定。
10. 与内底布正面相对，用丝针固定整圈，并机缝止缝记号后的部分。
11. 将布翻回正面，塞入鞋垫，手缝缝合返口即完成。

注：No. 17 鞋子的蝴蝶结做法请参照 P103“蝴蝶结 Ⅱ”；
No. 27 鞋子应于步骤 01 将蝴蝶结蕾丝绣片缝在表布上。

娃娃鞋款（18）

参照纸型 B 面

材料：

鞋面表布组合布A/D（布衬）	2片	42cm×26cm	鞋扣圆形布片	2片	直径6cm
鞋面表布组合布B/C（布衬）	2片	22cm×30cm	铝制包扣	2颗	直径2.7cm
鞋带表布（布衬）	2片	22cm×18cm	按扣	2颗	
鞋面里布（含鞋带）（布衬）	2片	50cm×38cm			
外底布	2片	27cm×30cm			
内底布（布衬）	2片	27cm×30cm			
鞋垫	1双				

鞋面表布组合布A/D（布衬）

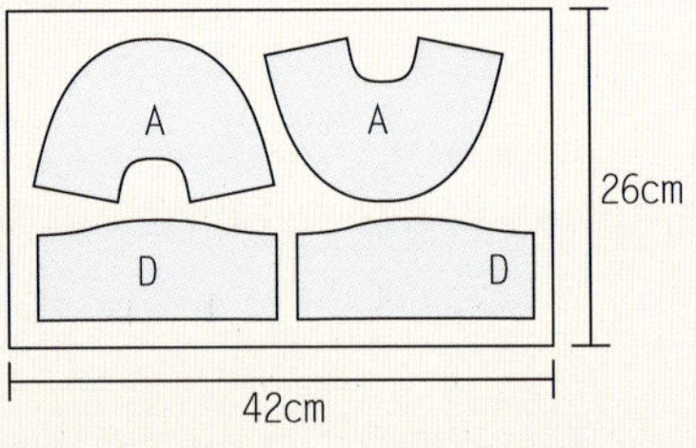

鞋面表布组合布B/C（布衬）

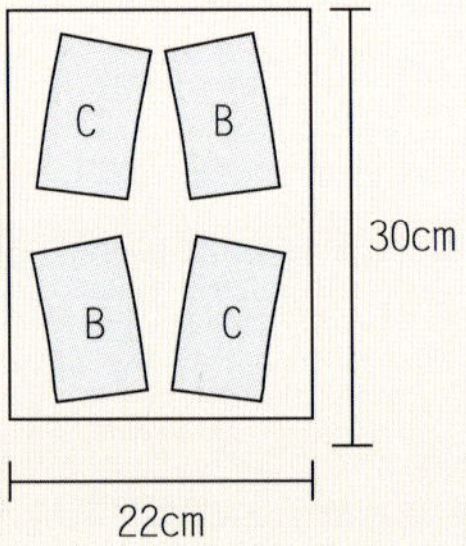

鞋带表布（布衬）

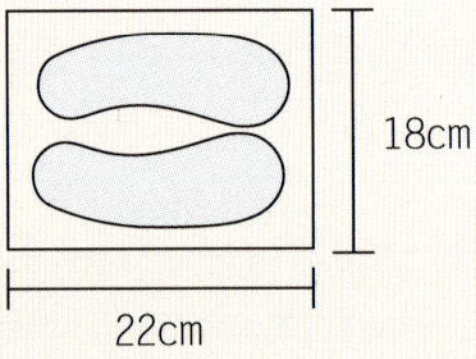

鞋扣圆形布片×2

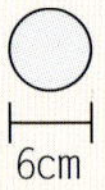

鞋面里布（布衬）

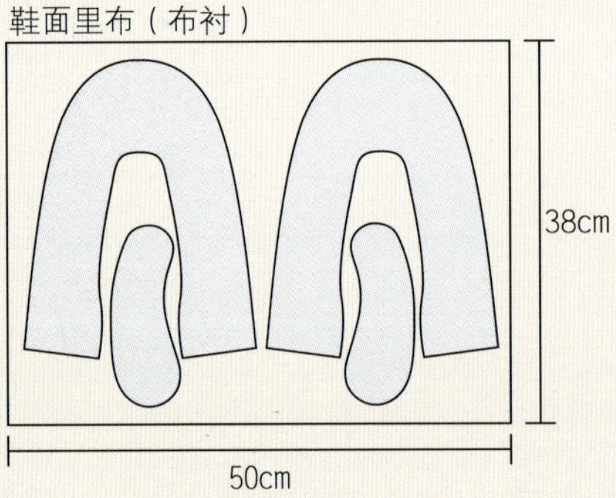

外底布/内底布（布衬）

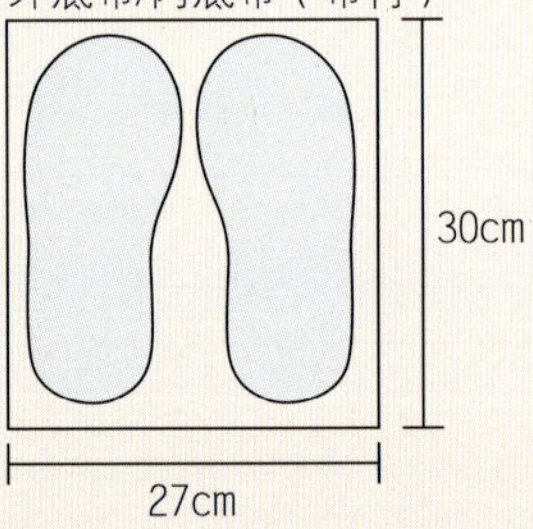

做法：可参照P93“D.扣式弧型鞋带室内鞋图解步骤”

01. 将布烫好衬并依纸型裁剪好；鞋面拼接请参照 P98“拼接 II”；布扣请参照 P101“布扣”。
02. 鞋带表布与鞋带里布正面相对，预留返口后机缝一圈，翻回正面后熨烫平整。
03. 鞋面做法请参照 P88“A．基本款室内鞋图解步骤 03~07”。
04. 将鞋带尾（细的一端）与鞋面重叠处沿边机缝固定，再沿着鞋带边缘机缝一圈（注意此部分不能缝到鞋面布上）。
05. 将鞋面布与外底布正面相对，用丝针沿外底布边缘固定整圈。
06. 于止缝记号前（鞋头）机缝固定，止缝记号后疏缝固定。
07. 与内底布正面相对，用丝针固定整圈，并机缝止缝记号后的部分。
08. 将布翻回正面，塞入鞋垫，手缝缝合返口。
09. 缝上按扣与布扣即完成。

娃娃鞋款（19） 参照纸型 B 面

材料：

鞋面表布（含鞋带）（布衬）	2片	50cm×38cm
鞋面里布（含鞋带）（布衬）	2片	50cm×38cm
外底布	2片	27cm×30cm
内底布（布衬）	2片	27cm×30cm
鞋垫	1双	
按扣	2颗	
印花图案布片	2片	
奇异衬	适量	

鞋面表布（布衬）/鞋带表布（布衬）

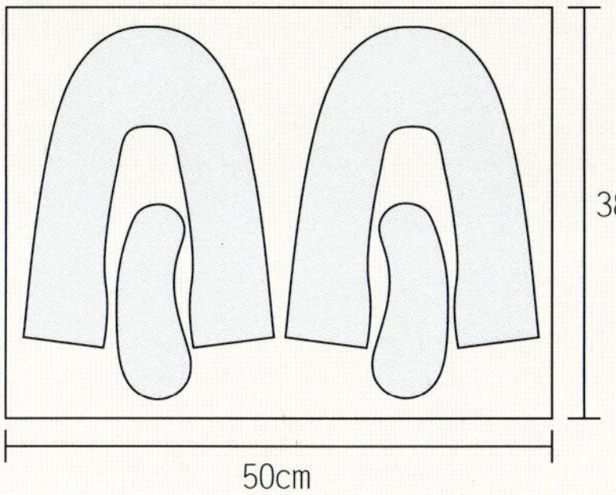

鞋面里布（布衬）/鞋带里布（布衬）

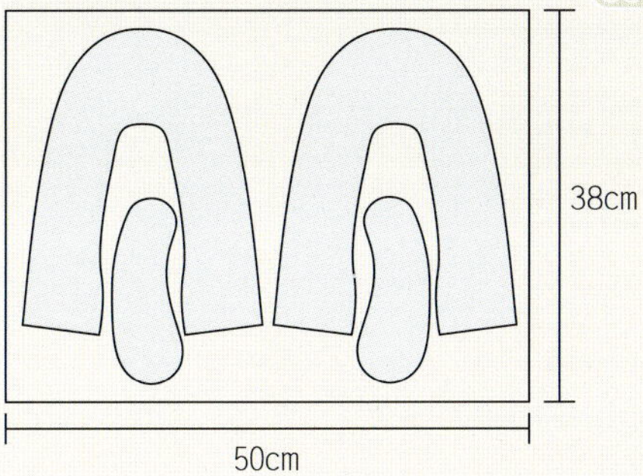

外底布/内底布（布衬）

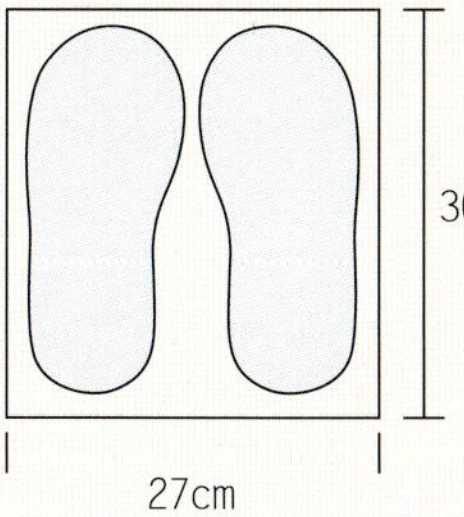

做法：可参照P93“D.扣式弧型鞋带室内鞋图解步骤”

01. 将布烫好衬并依纸型裁剪好；鞋面图案请参照 P102 “密针缝”。
02. 鞋带表布与鞋带里布正面相对，预留返口后机缝一圈，翻回正面后熨烫平整。
03. 鞋面做法请参照 P88 “A．基本款室内鞋图解步骤 03~07”。
04. 将鞋带尾（细的一端）与鞋面重叠处沿边机缝固定，再沿着鞋带边缘机缝一圈（注意此部分不能缝到鞋面布上）。
05. 将鞋面布与外底布正面相对，用丝针沿外底布边缘固定整圈。
06. 于止缝记号前（鞋头）机缝固定，止缝记号后疏缝固定。
07. 与内底布正面相对，用丝针固定整圈，并机缝止缝记号后的部分。
08. 将布翻回正面，塞入鞋垫，手缝缝合返口。
09. 缝上按扣就完成了。

娃娃鞋款（21） 参照纸型 B 面

材料：

鞋面表布组合布A/D（布衬）	2片	40cm×27cm	花朵圆形布片	8片	直径6cm
鞋面表布组合布B/C（布衬）	2片	18cm×22cm	小花朵木扣	2颗	
鞋面里布（布衬）	2片	50cm×33cm			
外底布	2片	27cm×30cm			
内底布组合布A（布衬）	2片	27cm×33cm			
内底布组合布B（布衬）	2片	12cm×22cm			
鞋垫	1双				
松紧带	2条	1cm×12cm			

鞋面表布组合布A/D（布衬）

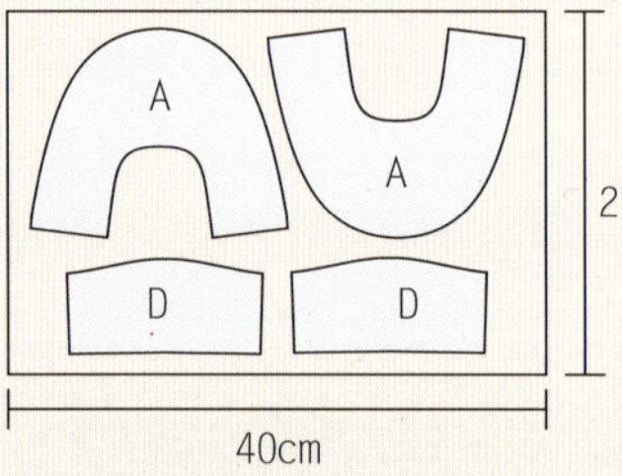

□ 鞋面表布组合布B/C（布衬）
■ 内底布组合布B（布衬）

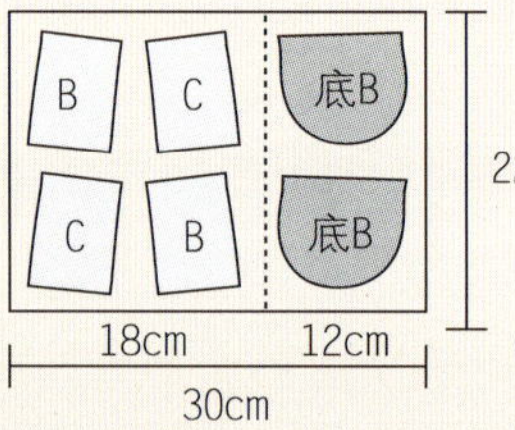

花朵圆形布片

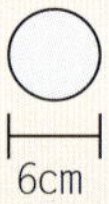

□ 鞋面里布（布衬）
■ 内底布组合布A（布衬）

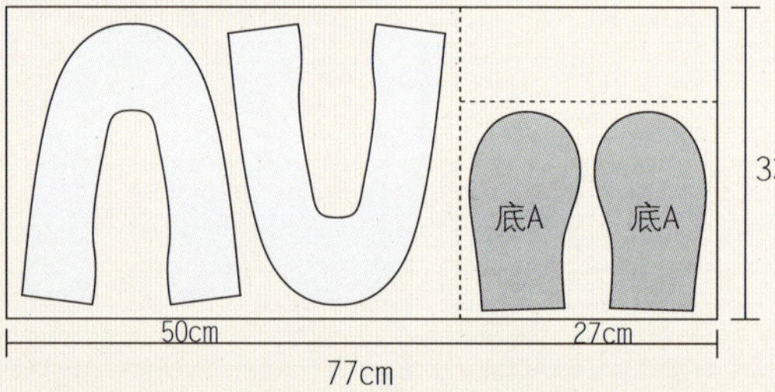

外底布

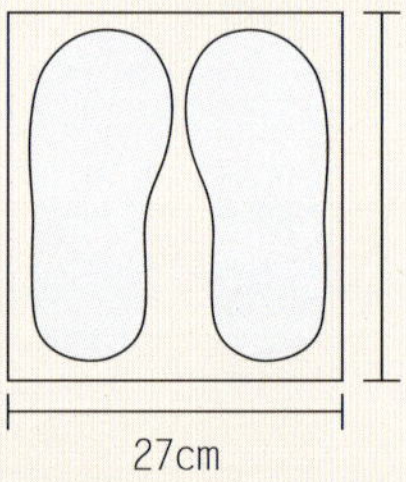

做法：可参照P90“B.脚跟松紧款室内鞋图解步骤”

01. 将布烫好衬并依纸型裁剪好；鞋底拼接请参照 P99“拼接 Ⅲ”；花朵请参照 P104“花朵 Ⅰ”。
02. 鞋面里布正面朝内对折，机缝脚跟处，并烫开缝份。
03. 将鞋面表布与鞋面里布正面相对，用丝针固定内缘，机缝一圈，并剪牙口。
04. 将布翻回正面，用丝针固定表布与里布边缘。
05. 在组合布 B 布上距脚跟上缘 1.5cm 处机缝一道线（需回针），注意起止点。
06. 利用穿带器穿入松紧带，并机缝固定松紧带两端（需回针）。
07. 用丝针固定表布与里布边缘，距边 2~3mm 疏缝一圈。
08. 疏缝后的鞋面布与外底布正面相对，用丝针沿外底布边缘固定整圈。
09. 于止缝记号前（鞋头）机缝固定，止缝记号后疏缝固定。
10. 与内底布正面相对，用丝针固定整圈，并机缝止缝记号后的部分。
11. 将布翻回正面，塞入鞋垫，手缝缝合返口。
12. 将小花缝在鞋面上即完成。

娃娃鞋款（22） 参照纸型 B 面

材料：

鞋面表布（布衬）	2片	50cm×33cm
鞋面里布（布衬）	2片	50cm×33cm
外底布	2片	27cm×30cm
内底布（布衬）	2片	27cm×30cm
鞋垫	1双	
鞋带布	2片	17cm×5cm
松紧带	2条	1cm×12cm
蕾丝	适量	

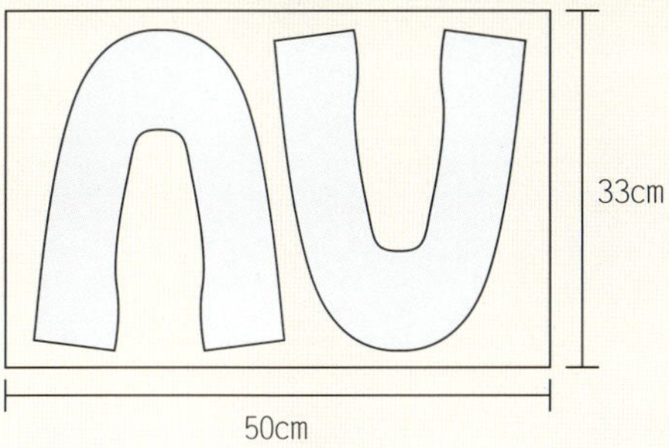

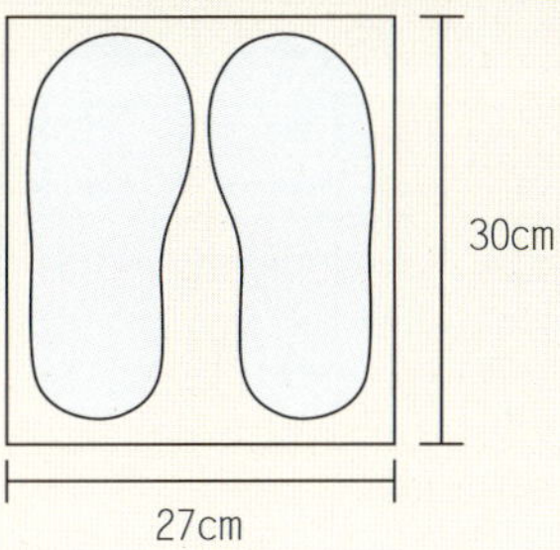

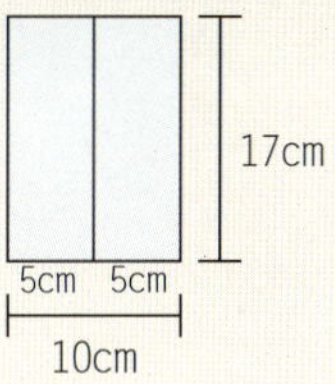

做法：可参照P94“F.松紧鞋带图解步骤”

01. 将布烫好衬并依纸型裁剪好；在鞋面表布机缝上蕾丝；鞋带制作请参照 P102 “松紧鞋带”。
02. 鞋面表布正面朝内对折，机缝脚跟处，并烫开缝份；同法缝制鞋面里布。
03. 将缝好的松紧鞋带固定于鞋面表布，距边缘 0.5cm 机缝固定。
04. 将鞋面表布与鞋面里布正面相对（注意鞋带方向是否正确），用丝针固定内缘，机缝一圈，并剪牙口。
05. 将布翻回正面，固定表布与里布边缘，距边 2~3mm 疏缝一圈。
06. 将固定好的鞋面布与外底布正面相对，用丝针沿外底布边缘固定整圈。
07. 于止缝记号前（鞋头）机缝固定，止缝记号后疏缝固定。
08. 与内底布正面相对，用丝针固定整圈，并机缝止缝记号后的部分。
09. 将布翻回正面，塞入鞋垫，手缝缝合返口即完成。

拖鞋款（23~26）

参照纸型 B 面

材料：

鞋面表布（布衬）	2片	50cm×23cm
鞋面里布（铺棉）	2片	50cm×23cm
外底布	2片	30cm×30cm
内底布（铺棉）	2片	30cm×30cm
鞋垫	1双	
NO.24：花边蕾丝	适量	
NO.23、24：刺绣用小珠子	数颗	

鞋面表布（布衬）/鞋面里布（铺棉）

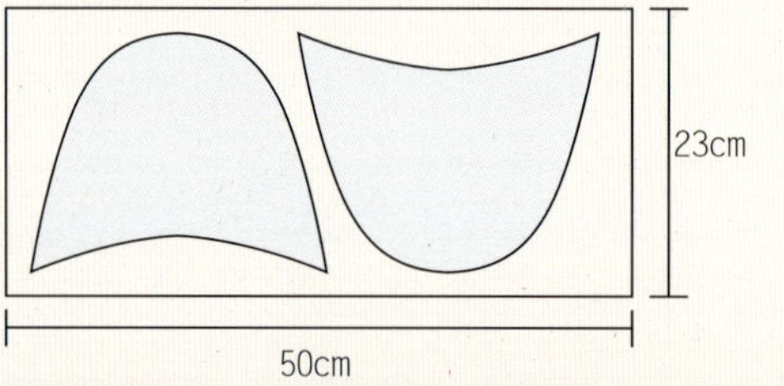

外底布/内底布（铺棉）

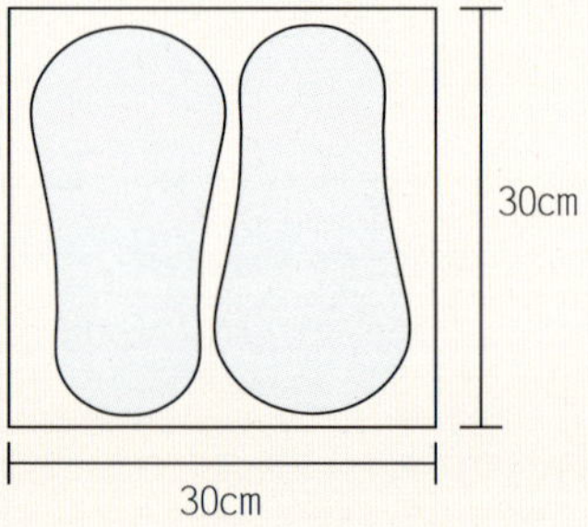

做法：可参照P95“G.拖鞋图解步骤”

01. 将布烫好衬并依纸型裁剪好。
02. 将鞋面表布与鞋面里布正面相对，用丝针固定内缘并机缝，剪牙口。
03. 将布翻回正面，固定表布与里布边缘，于内缘机缝一道线，再于距边 2~3mm 疏缝一圈。
04. 将固定好的鞋面布与外底布正面相对，用丝针固定整圈，于止缝记号前（鞋头）机缝固定，止缝记号后疏缝固定。
05. 与内底布正面相对，用丝针固定整圈，并机缝止缝记号后的部分。
06. 将布翻回正面，塞入鞋垫，手缝缝合返口即完成。

注：应于步骤 01 将 No.23、24 的鞋面表布绣好珠子，No.24 鞋的内底布缝上蕾丝。

芭蕾舞鞋款（27~30）

参照纸型 B 面

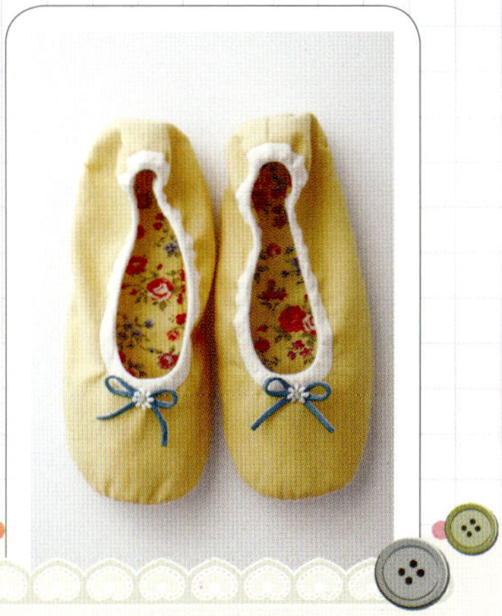

材料：

鞋面表布（薄布衬）	2片	50cm×33cm	No.27:	皮绳	2条	17cm
鞋面里布（薄布衬）	2片	50cm×33cm		小花	2朵	
外底布	2片	25cm×30cm	No.28:	字母蕾丝绣片	2片	
内底布（布衬）	2片	25cm×30cm	No.29:	蝴蝶结布片	2片	32cm×6cm
鞋垫	1双		No.30:	花朵布片	2片	
滚边斜布条	2条	4cm×47cm				

鞋面表布（薄布衬）/鞋面里布（薄布衬）

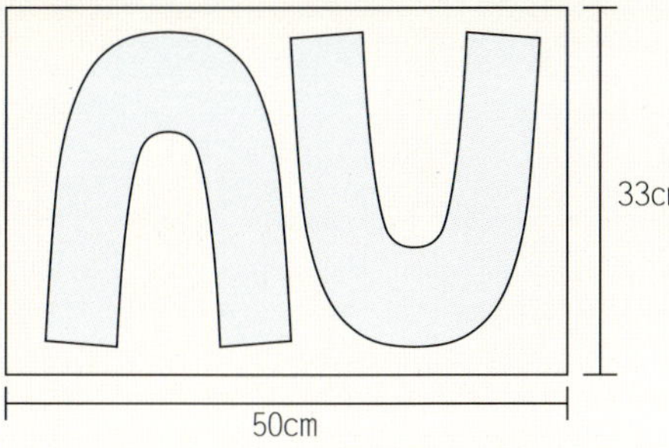

外底布/内底布（布衬）

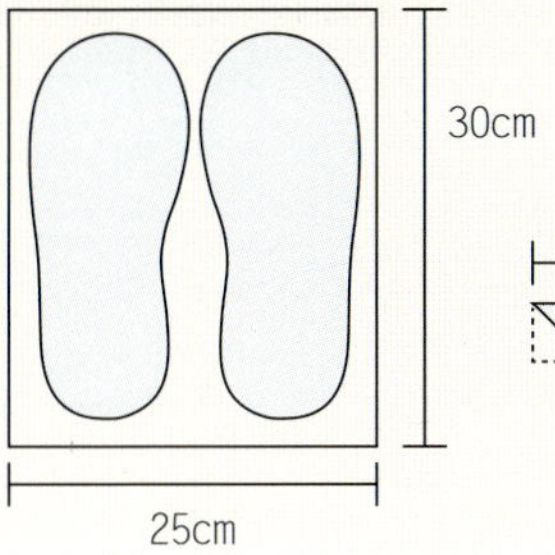

滚边斜布条

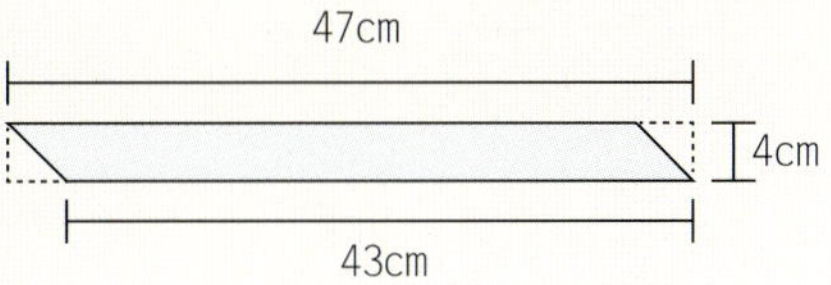

□ 鞋面表布（薄布衬）/鞋面里布（薄布衬）

■ 花朵布片

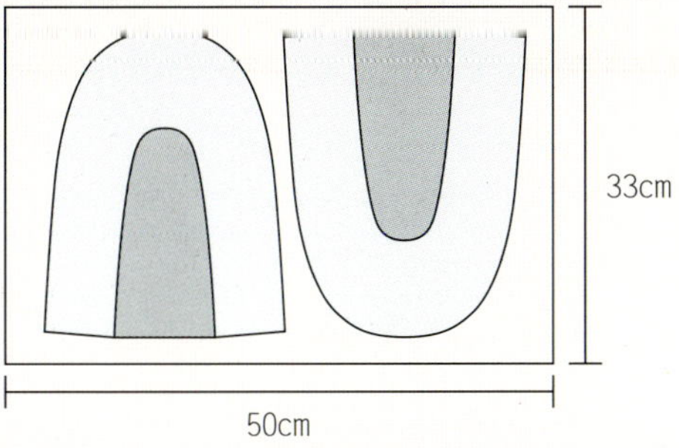

外底布/内底布（布衬）

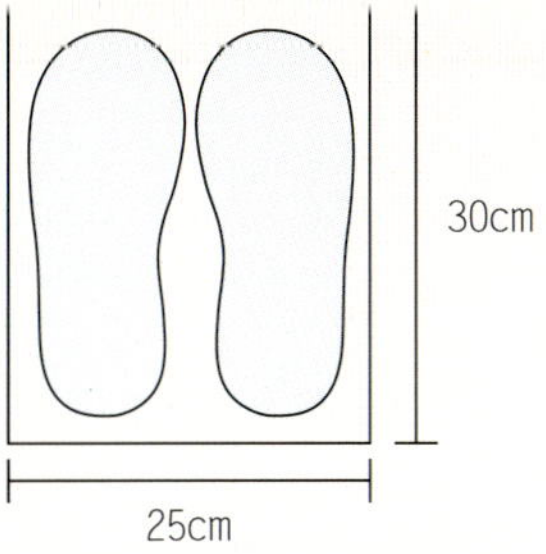

滚边斜布条

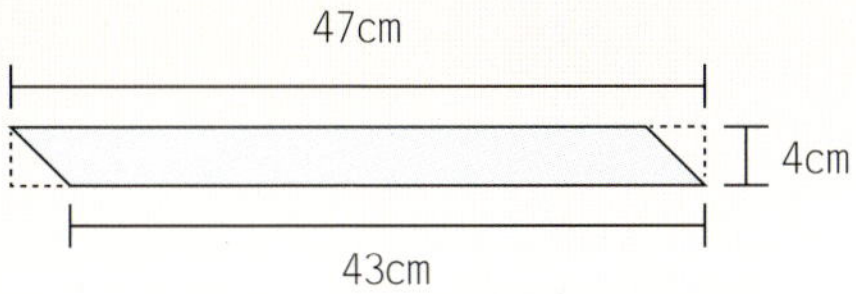

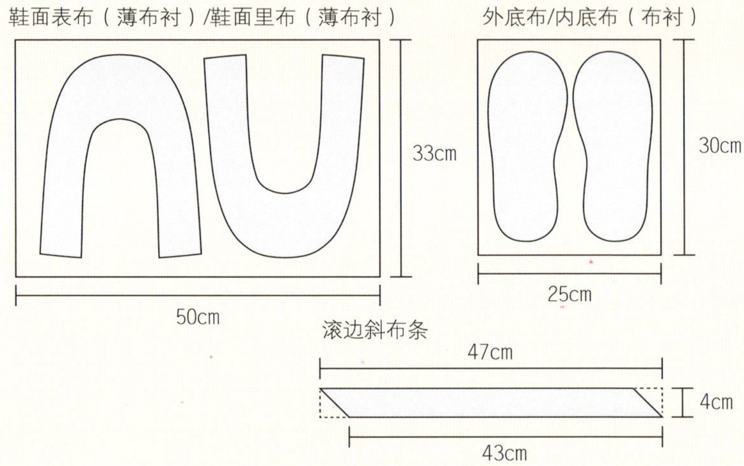

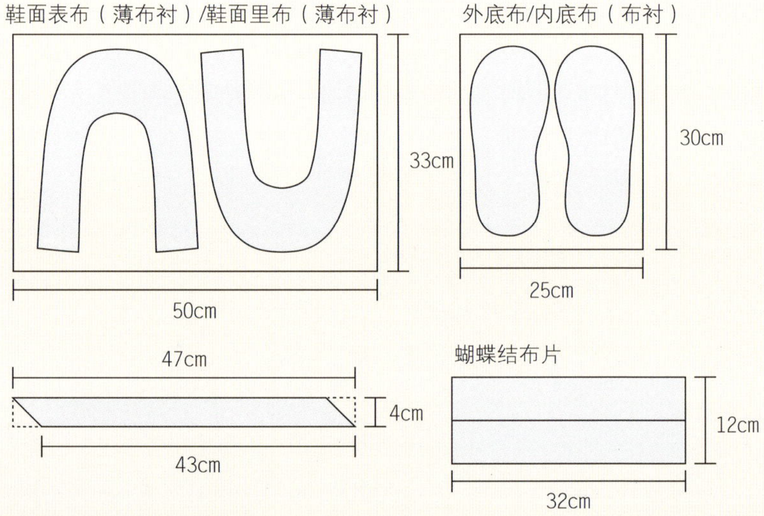

做法：可参照P96“H.芭蕾舞鞋款图解步骤”

01. 将所有的布烫好衬并依纸型裁剪好。
02. 将鞋面里布正面朝内对折，机缝脚跟处并烫开缝份。将鞋面表布与鞋面里布背面相对，以丝针固定内缘，疏缝一圈（不需剪牙口）。
03. 滚边布条请参照 P100“滚边布条”。将裁剪好且头尾已缝好的滚边斜布条，以布用双面胶或丝针固定于鞋面表布内缘，整圈固定完成后，依折烫线机缝一圈。
04. 将布条向上折后再向内折，沿边机缝固定，注意要预留 2cm 不缝。
05. 利用穿带器将松紧带从未缝的 2cm 中穿绕一圈，并将松紧带打结或机缝固定好。
06. 将鞋面布与外底布正面相对，用丝针固定好，于止缝记号前机缝固定，止缝记号后疏缝固定。
07. 与内底布正面相对，用丝针固定后机缝止缝记号后的部分。
08. 将布翻回正面，塞入鞋垫并手缝缝合返口即完成。

注：No.27 鞋子的蝴蝶结请参照 P103“蝴蝶结Ⅰ”。
No.29 鞋子的蝴蝶结请参照 P103“蝴蝶结Ⅱ”。
No.28 鞋子应于步骤 01 将字母蕾丝绣片缝于表布上。
No.30 鞋子的花朵请参照 P105“花朵Ⅱ”。

各款室内鞋的图解步骤

A 基本款室内鞋图解步骤

01 将所有布（鞋面表布、鞋面里布、外底布和内底布）烫好衬并依纸型裁剪好。

(注：此范例作品中的表布较厚，故不需加衬。)

02 将鞋面表布正面朝内对折，机缝脚跟处，并烫开缝份；同法缝制鞋面里布。

(注：若铺棉后太厚，可将缝份外的棉修剪掉。)

03 鞋面表布与鞋面里布正面相对，用丝针固定内缘。

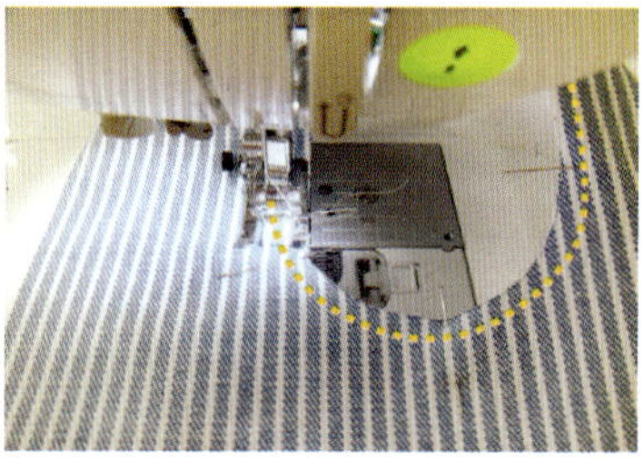

04 沿内缘机缝一圈。

05 剪牙口，使翻面后的弧形更漂亮。

(注：没有锯齿剪也可用剪刀直接剪牙口；若布比较薄，则要注意牙口不要剪得太深，以免翻回正面后弧边会有折角。)

06 将布翻回正面，用熨斗熨烫内缘。

07 用丝针固定好表布与里布边缘，距边缘2~3mm疏缝一圈。

(注：疏缝是为了顺利完成下面的步骤。疏缝不要超过缝份7mm，以免最后疏缝线超出缝线，完成后疏缝线露出来就不好看了。)

08 将鞋面布与外底布正面相对，用丝针固定鞋头与脚跟记号处，然后依底布边缘用丝针固定整圈。

(注：若在前面步骤中有缝或剪裁过头而造成的尺寸误差也没关系，若鞋面布大于底布，可于鞋头处将多余的布均匀抓皱后固定，缝好后也会有不同的效果。)

09 于止缝记号前（鞋头）机缝（黑线），止缝记号后疏缝固定（红线）。

10 再与内底布正面相对，先用丝针固定鞋头与脚跟记号处，再固定整圈。

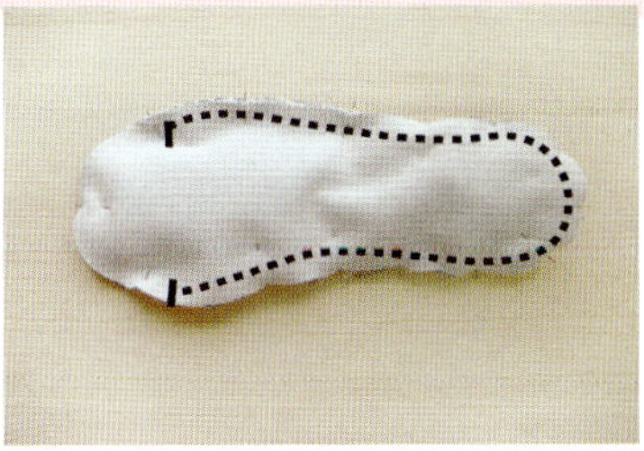

11 机缝止缝记号后的部分（虚线处）。

12 止缝记号前留返口不缝。

13 将布翻回正面，可左右搓揉鞋底边缘，让弧度更平顺。

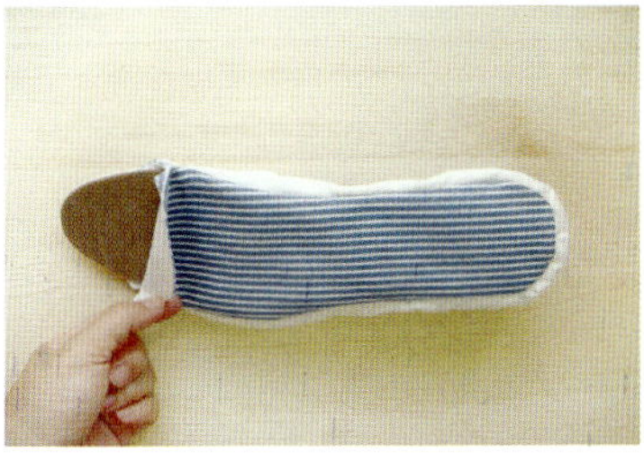

14 从返口处塞入鞋垫或毛毡布垫。

15 用丝针固定返口。

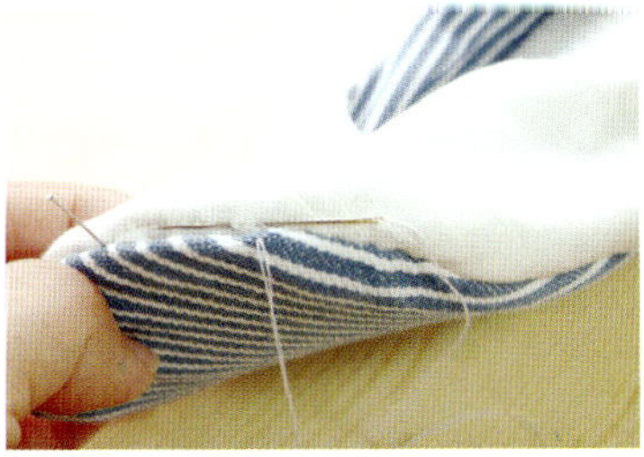

16 手缝缝合返口。

17 布拖完成。

B 脚跟松紧款室内鞋图解步骤

01 将所有的布（鞋面表布、鞋面里布、外底布和内底布）烫好衬并依纸型裁剪好。

02 将鞋面里布正面朝内对折，机缝脚跟处，并烫开缝份。

03 将鞋面表布与鞋面里布正面相对，用丝针固定内缘，机缝一圈，并剪牙口，将布翻回正面，用丝针固定表布与里布边缘。

04 在距离脚跟上缘1.5cm处机缝一道直线（需回针）。

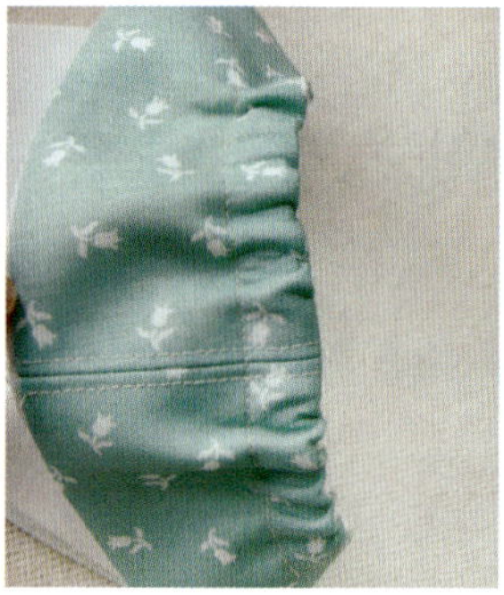

05 利用穿带器穿入松紧带，并机缝固定松紧带两端。

06 用丝针固定表布与里布边缘，距边2~3mm疏缝一圈。

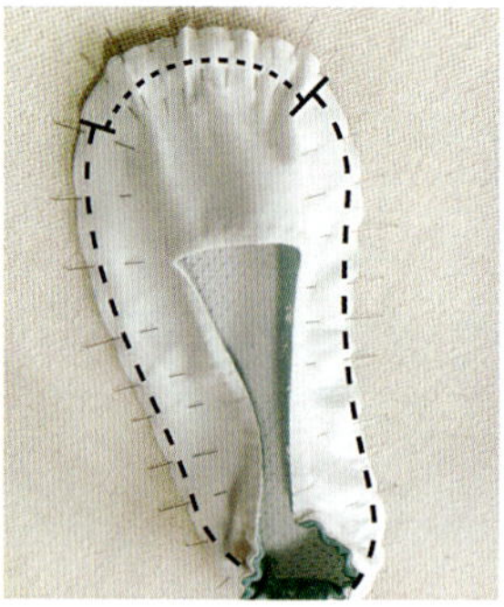

07 鞋面布与外底布正面相对，用丝针固定整圈，于鞋头止缝记号前机缝，止缝记号后疏缝固定。

08 与内底布正面相对，用丝针固定整圈，并机缝止缝记号后的部分。

09 将布翻回正面，塞入鞋垫或毛毡布垫。

10 手缝缝合返口并翻回正面，装饰上小蝴蝶结就完成了。

C 踩脚室内鞋图解步骤

01 将所有布（鞋面表布、鞋面里布、鞋跟布、外底布和内底布）烫好衬并依纸型裁剪好。

02 将鞋跟布上缘内折1cm，烫平后距边2mm机缝一道（鞋跟布铺棉不含缝份）。

03 将鞋面表布与鞋面里布正面相对，用丝针固定内缘并机缝，剪牙口。

04 拼接鞋跟布与鞋面布。将鞋跟布夹入鞋面布中（正面相对），对齐边缘后机缝固定。

（注：若鞋面表布与鞋面里布是不同花色的布，则要注意鞋跟布的朝向。）

05另一边以相同的方法缝制。

06完成后修剪掉直角，这样翻回正面时，角度会比较漂亮。

07翻回正面，用丝针固定表布与里布边缘，距边2~3mm疏缝一圈。

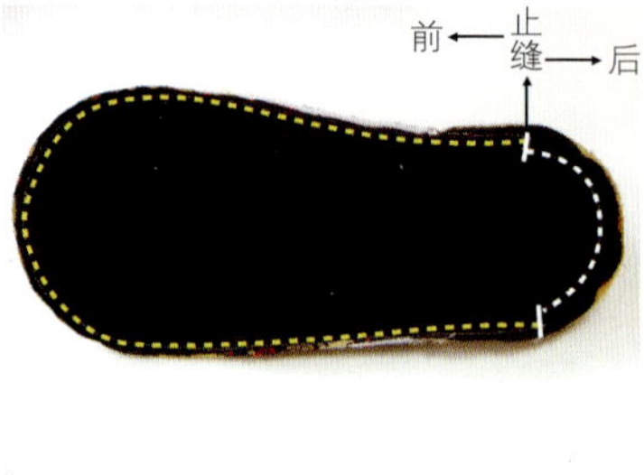

08将鞋面布与外底布正面相对，用丝针固定整圈，并机缝止缝记号后的部分，止缝记号前疏缝固定。

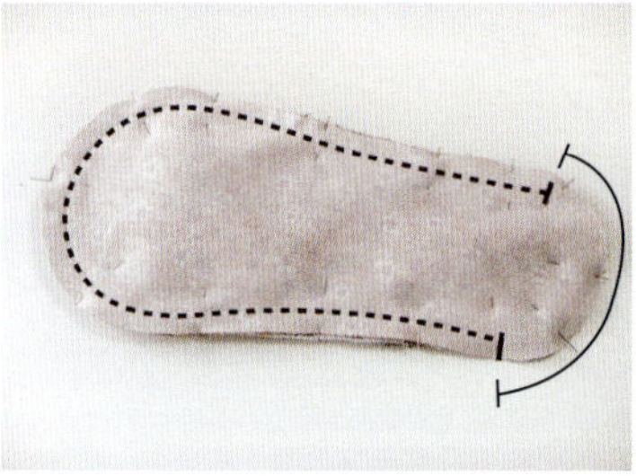

09与内底布正面相对，用丝针固定整圈后，于止缝记号前机缝固定。

10将布翻回正面，可加入鞋垫或毛毡布垫，并手缝缝合返口处。

11将鞋子翻回正面，向下平压鞋跟布并用丝针固定，手缝缝合鞋跟布上缘与鞋面即完成。

D 扣式弧形鞋带室内鞋图解步骤

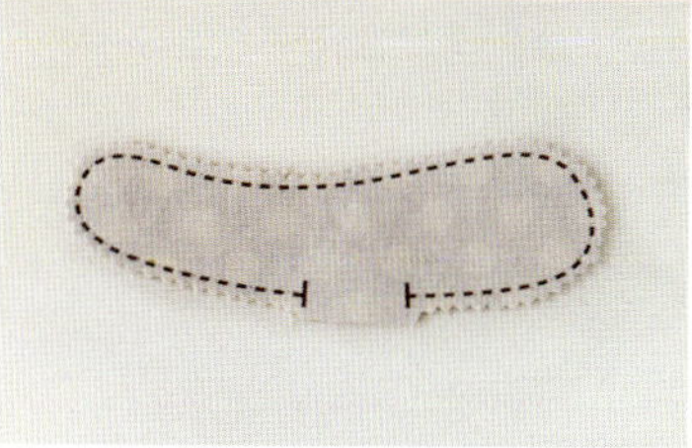

01 将鞋带布依纸型烫好衬并裁剪好，预留返口后机缝一圈。

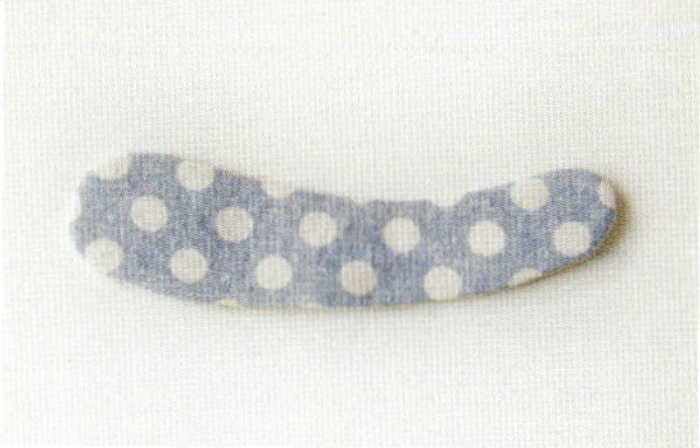

02 翻回正面并熨烫好。

03 将鞋带摆至鞋面合适位置并固定好。

(注：鞋面制作步骤请参照p88“A.基本款室内鞋图解”步骤01～05。)

04 将鞋带尾（细的一端）与鞋面重叠处沿边机缝固定好（红色线标示），再沿着鞋带边缘机缝一圈（黑色线，注意此部分勿缝于鞋面布上）。

05 最后在鞋带与鞋面上缝上按扣就完成了。

E 扣式直式鞋带图解步骤

01 将布片依纸型裁剪好。

02 将蕾丝放在鞋带布中央处，机缝固定。

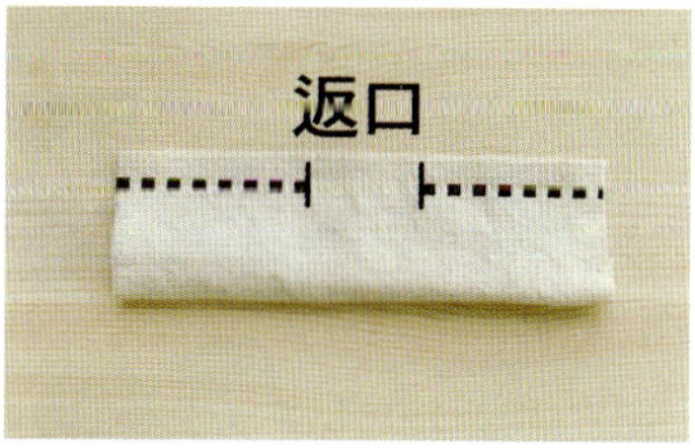

03 正面朝内对折，中间预留3.5cm返口，机缝固定。

04 烫开缝份后机缝左右两侧。

05 将布翻回正面，手缝缝合返口。

06 将鞋带与鞋面重叠处沿边手缝固定好即完成。

F 松紧鞋带图解步骤

01 将所有的布（鞋面表布、鞋面里布、外底布和内底布）烫好衬并依纸型裁剪好。

02 在鞋面表布机缝上蕾丝。

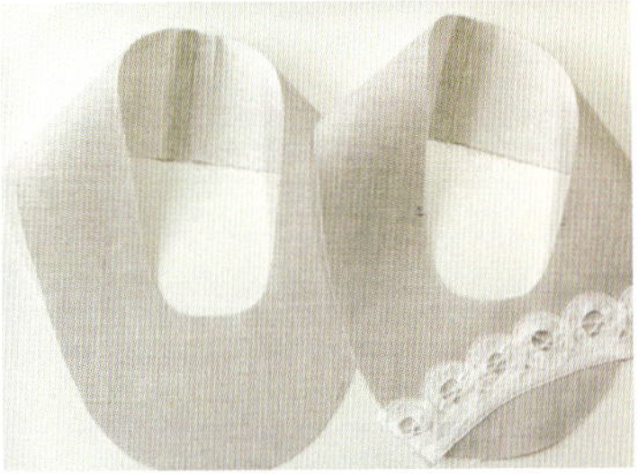

03 将鞋面表布正面朝内对折，机缝脚跟处，并烫开缝份；同法缝制鞋面里布。

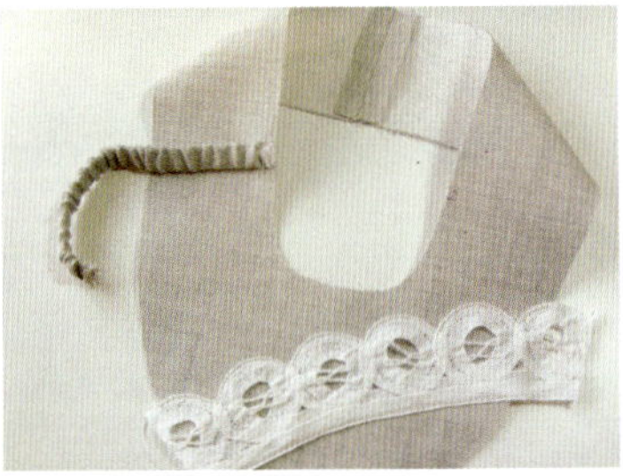

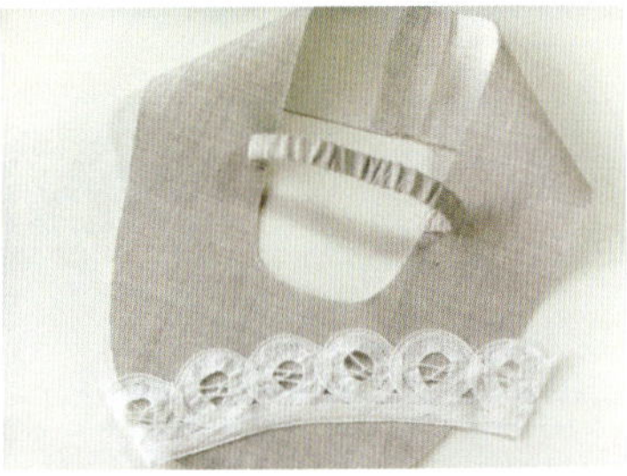

04 将缝好的松紧带对齐鞋面表布内缘，距边0.5cm机缝固定。

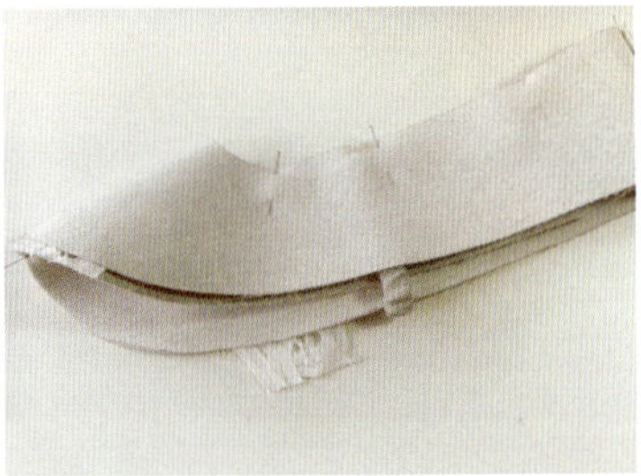

05 将鞋面表布与鞋面里布正面相对，用丝针固定内缘。

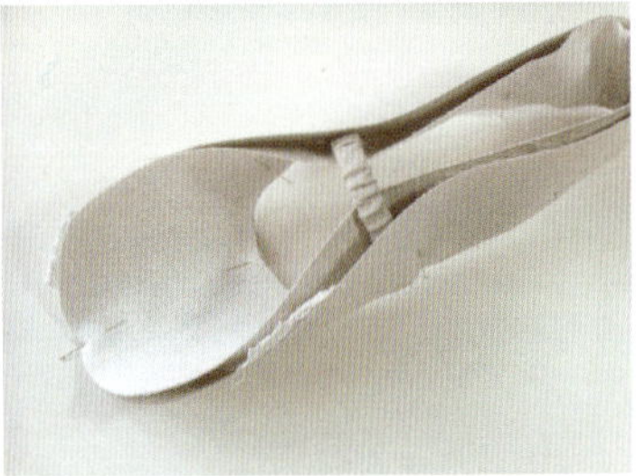

06 需注意松紧带位置，图中位置才是正确的。

07 沿内缘机缝一圈。

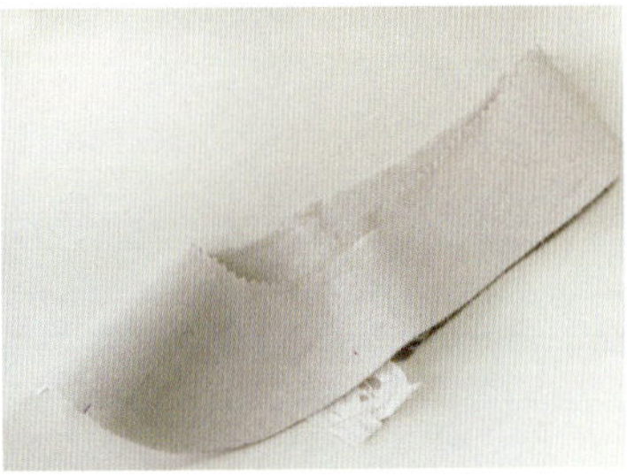

08 剪牙口。

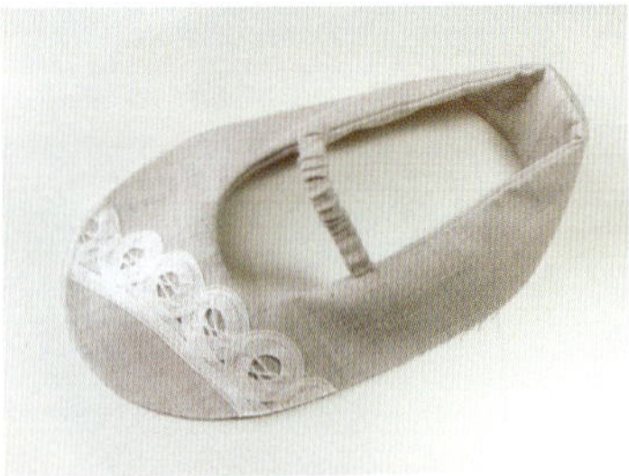

09 将布翻回正面，用丝针固定表布与里布边缘，距边2~3mm疏缝一圈。

(注：下面的制作步骤请参照P88“A.基本款室内鞋图解”步骤06～11。)

10 完成。

G 拖鞋图解步骤

01 将所有的布（鞋面表布、鞋面里布、外底布和内底布）烫好衬并依纸型裁剪好。

02 将鞋面表布与鞋面里布正面相对，用丝针固定上缘，机缝后剪牙口。

03 将布翻回正面，用丝针固定表布与里布边缘，机缝上缘，并距边2~3mm疏缝一圈。

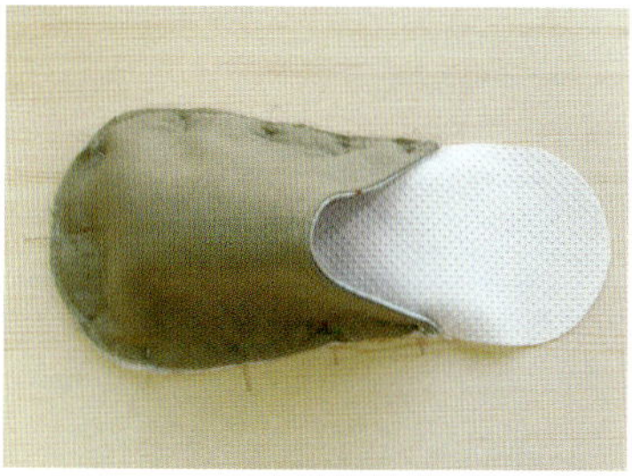

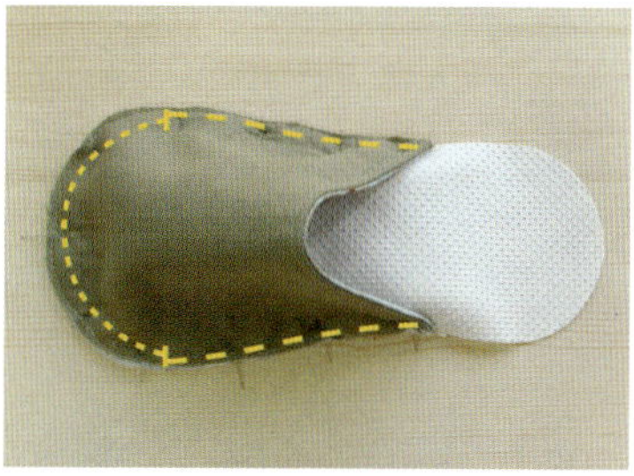

04 将鞋面布与外底布正面相对，用丝针固定，并机缝鞋头止缝记号前的部分，止缝记号后疏缝固定。

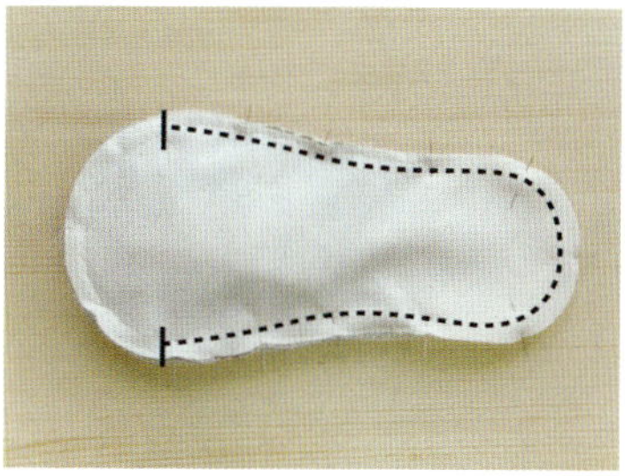

05 与内底布正面相对，用丝针固定后，机缝止缝记号后的部分。

06 将布翻回正面，可左右搓揉鞋底边缘，让弧度更平顺漂亮。

07 将布翻回正面，塞入鞋垫或毛毡布垫。

08 手缝缝合返口即完成。

H 芭蕾舞鞋款图解步骤

01 将所有布（鞋面表布、鞋面里布、外底布和内底布）烫好衬并依纸型裁剪好。

02 将鞋面里布正面朝内对折，机缝脚跟处并烫开缝份。将鞋面表布与鞋面里布背面相对，用丝针固定内缘，疏缝一圈（不需剪牙口）。

03 将裁剪好且头尾已缝好的布边，以布用双面胶或丝针固定一圈。

04 依折烫线机缝一圈。

05 将布边往上折，再内折，并熨烫平整。

06 也可利用布用双面胶粘贴固定，但注意粘贴时鞋头要预留2cm的长度不粘贴双面胶。

07 此时可从正面或里面机缝布边，鞋头留2cm不缝。

08 利用穿带器穿入松紧带，并将松紧带打结或机缝固定。
（注：后续的制作步骤请参照P88“A.基本款室内鞋图解”步骤06～11。）

09 将鞋面布与外底布正面相对，以丝针固定好，于止缝记号前机缝固定，止缝记号后疏缝固定。

10 与内底布正面相对，用丝针固定后机缝止缝记号后的部分。

11 将布翻回正面，塞入鞋垫或毛毡布垫。

12 手缝缝合返口即完成。

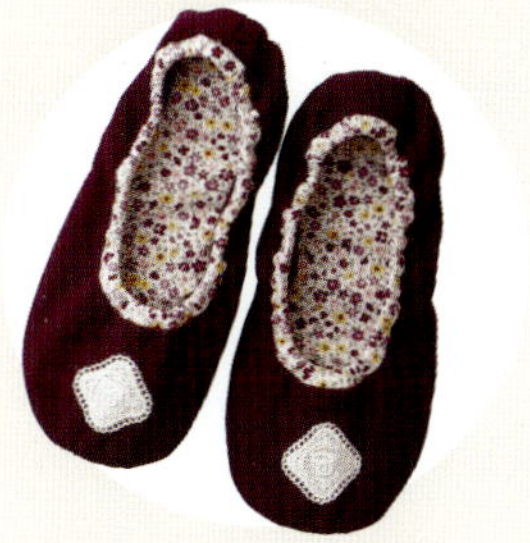

细节制作解说

拼接 I

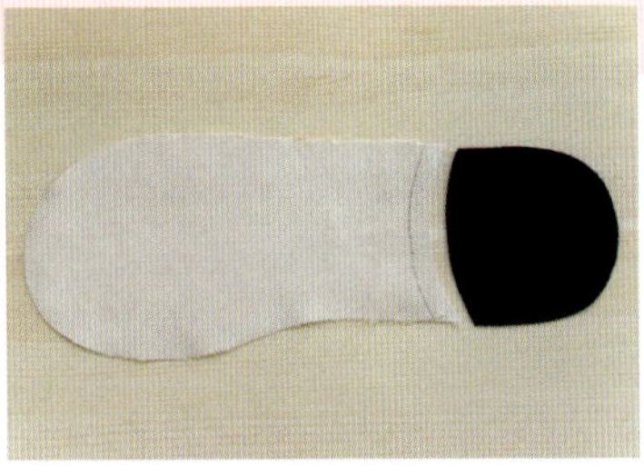

01 将鞋底组合布A与组合布B烫好衬。

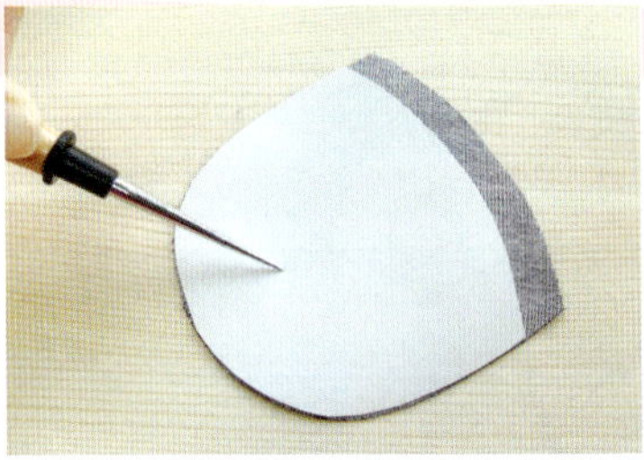

02 将无缝份的纸型B放于组合布B的背面并对齐边缘。

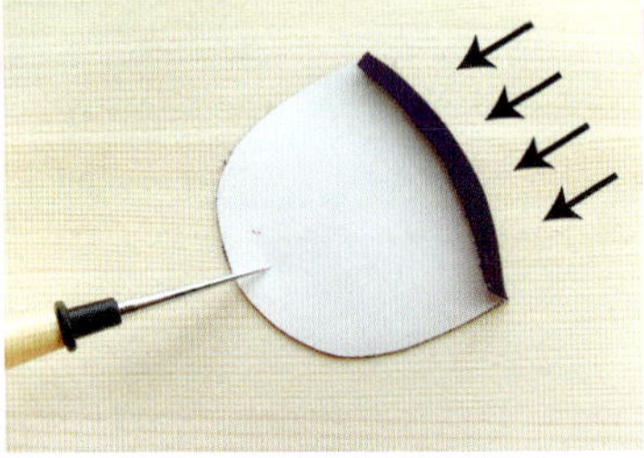

03 用熨斗依箭头方向折烫缝份。注意纸型不能用塑料板，以免遇热变形。

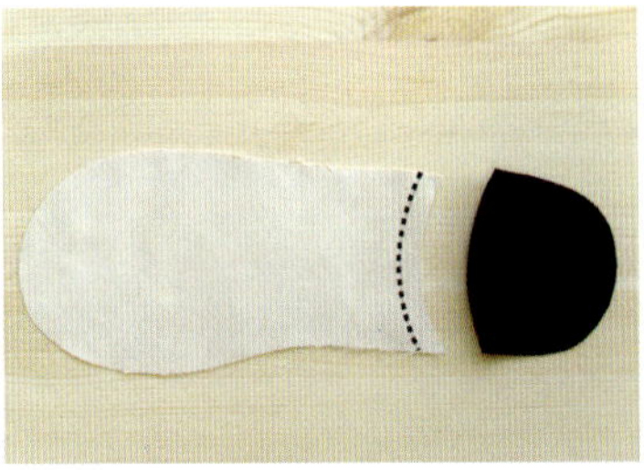

04 将烫好的组合布B对齐组合布A的缝份(虚线）。

05 机缝后即拼接完成。

拼接 II

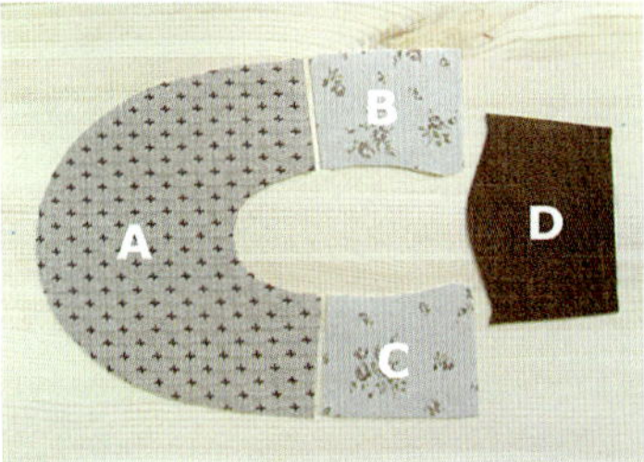

01 先将鞋面组合布A 、B、C、D烫好衬并裁剪好。

02 裁布时可先将鞋头和鞋内缘方向标出来，制作时便不会混淆；分别将组合布B与C机缝于A布两侧。

03 烫开缝份。

04 将组合布D一端与C机缝在一起，并烫开缝份。

05 将组合布D另一端与B机缝在一起，并烫开缝份。

06 拼接即完成。

拼接Ⅲ

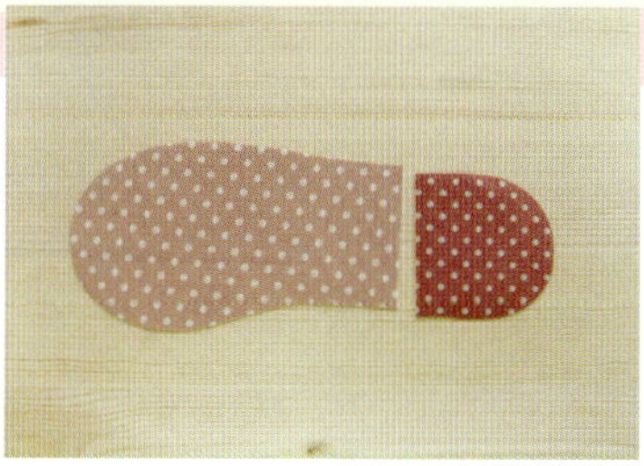

01 将烫好衬的鞋底组合布A与组合布B依纸型剪裁好。

02 如图，两片布正面相对，机缝固定。

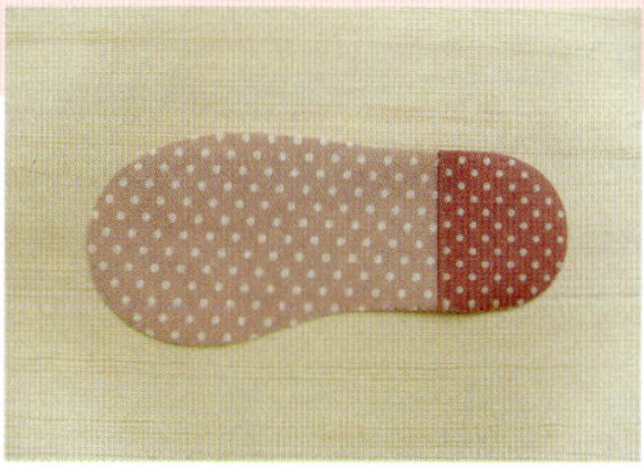

03 烫开缝份，翻至正面，压缝一道线。

04 完成后的样子。

拼接Ⅳ

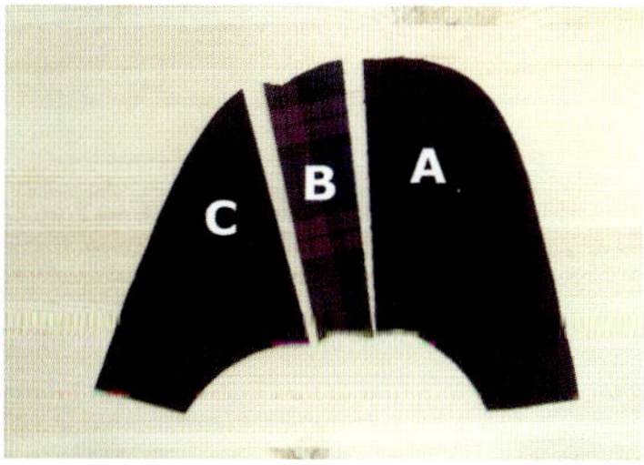

01 将鞋面组合布A、B和C烫好衬并裁切好。

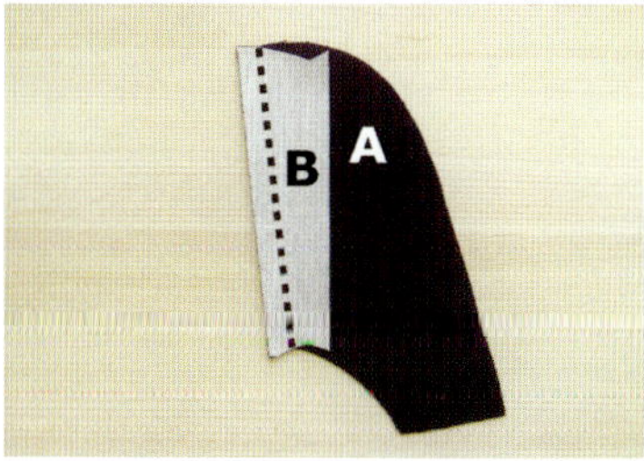

02 如图，将组合布A与B拼接在一起。

03 烫平缝份。

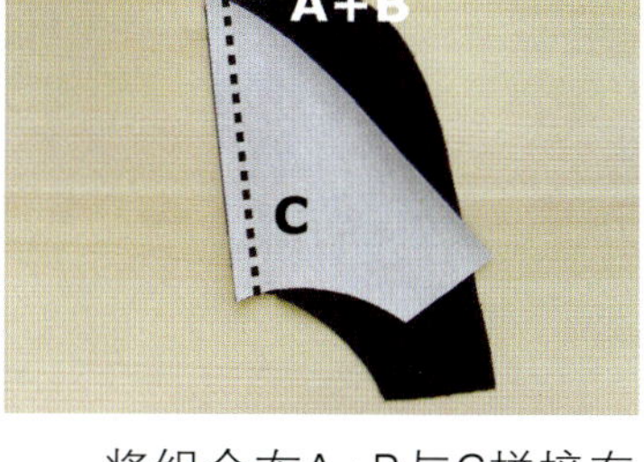

04 将组合布A+B与C拼接在一起，烫开缝份。

05 鞋面拼接完成后，可在接合处距边0.3cm压缝一条线，制作完成后会更加漂亮。

折法

01 将鞋面表布依纸型裁剪好，背面压烫上不含缝份的薄衬，正面缝上蕾丝。

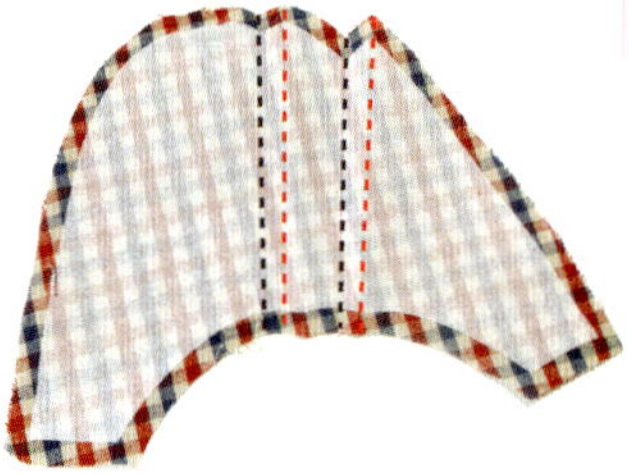

02 依纸型折烫，红色虚线为山折，黑色虚线为谷折。

03 折烫完成后的样子。

04 翻至正面，距折线0.2cm机缝固定。

05 鞋面表布完成的样子。

滚边布条

01 将滚边斜布条裁剪好。

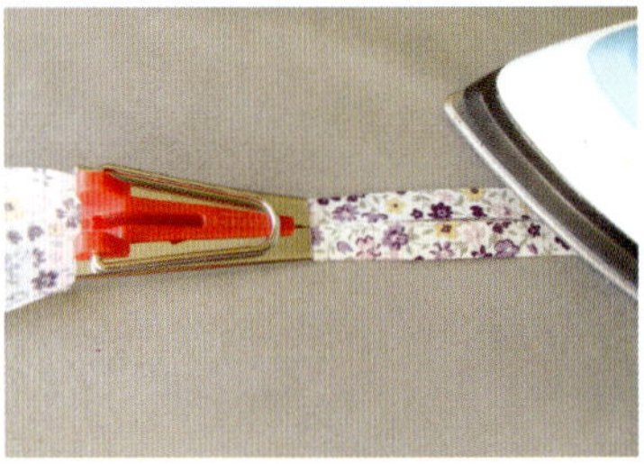

02 用滚边器烫好滚边。

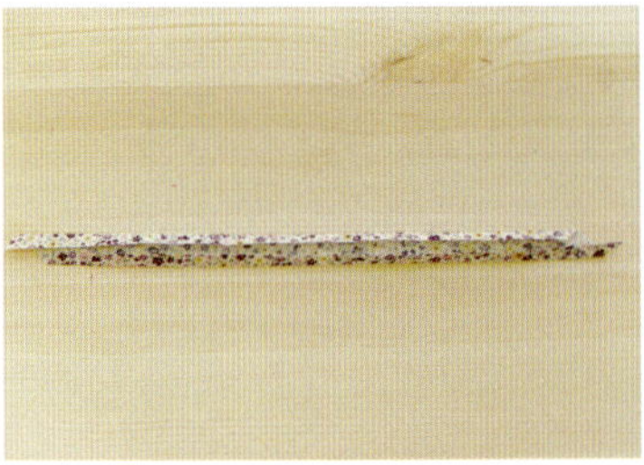

03 烫好后的样子。

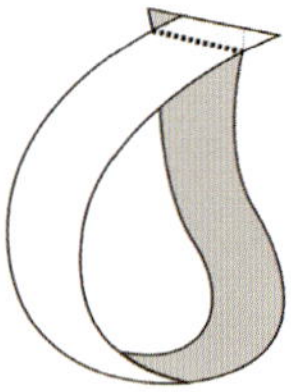

04 将布条正面相对，距边1cm画出记号线并机缝固定。

05 烫开缝份，并修剪掉尖角。

06 翻回正面后再熨烫一次，圆圈滚边布条就完成了。

布扣：铝制包扣

制作铝制包扣需用到步骤01图片中A～D四种工具：

A：压合的上模

B：压合的下模

C：下扣

D：上扣

布片依包装上的说明剪裁，若无说明，则以扣子直径两倍的尺寸为标准剪裁。如扣子直径为2.7cm，圆形布片直径则以5.5～6cm为宜。

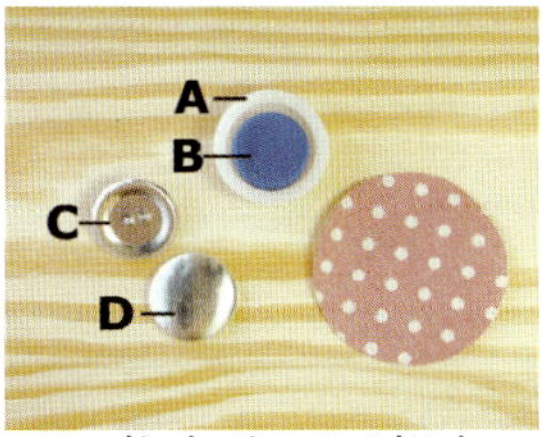

01 将布片正面朝向压合的上模，居中平放。

02 压入上扣。

03 将布片收至模子里。

04 将下扣放在凹槽位置。

05 用压合的下模压住下扣，用力按压，可用双手一起施力，或利用冷却用的大理石块加压。

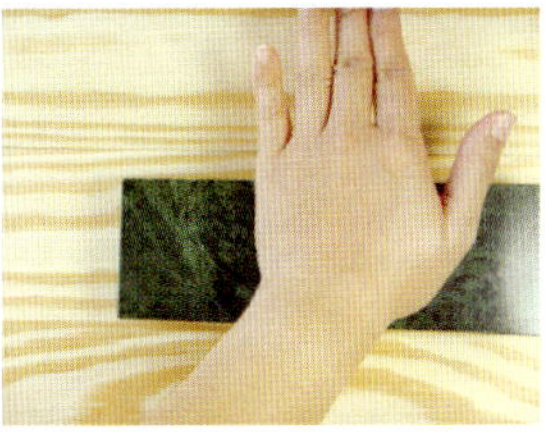

06 将布扣从模子中取出，就制作完成了。也可先在布面上加上刺绣或蕾丝，制作出不同的布扣。

布扣：塑料布扣

01 市售的塑料布扣也有不同的尺寸。

02 沿着布片边缘距边0.3cm平针缝缝一圈。

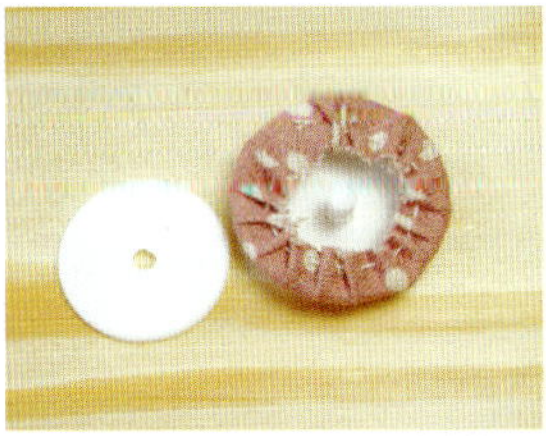

03 将上扣放入缩缝的布片中，边拉线边调整，最后打个结。

04 将下扣圆孔扣入上扣中心，用力压合到底。

05 布扣完成。

松紧鞋带

01 将布片依纸型裁剪好。

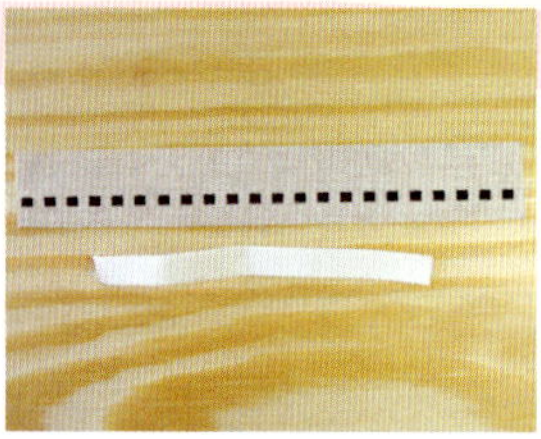

02 对折后机缝固定。

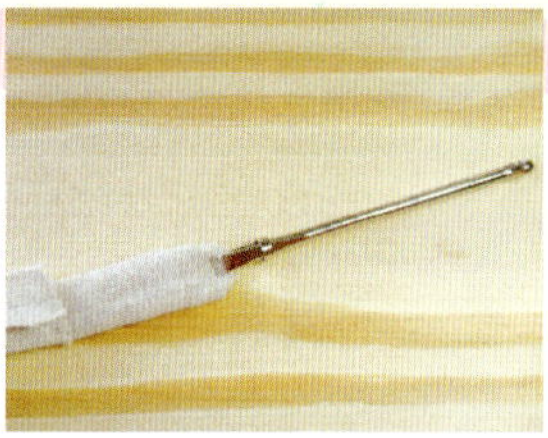

03 烫开缝份，利用穿带器翻回正面。

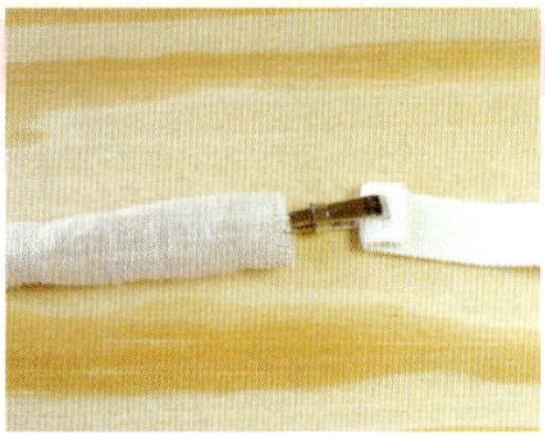

04 用穿带器将松紧带穿入缝好的布片中。

05 于尾端距边0.5cm处机缝，再将前端布片与松紧带也机缝固定。

06 松紧鞋带即完成。

密针缝

01 先在奇异衬上描绘出自己喜欢的图案，并剪出一块大于图案的布片。

02 取掉底纸，将奇异衬放在布的反面，低温将其烫在布料上。

03 依图案剪下布片。

04 揭下奇异衬另一面的底纸，并将其贴于鞋面表布上，以熨斗压烫几秒。

05 设定缝纫机的针距与密度，以密针缝沿着图案边缘慢慢机缝，并适时调整角度。

06 制作完成。

蝴蝶结 I

01 准备一小段鹿皮绳。

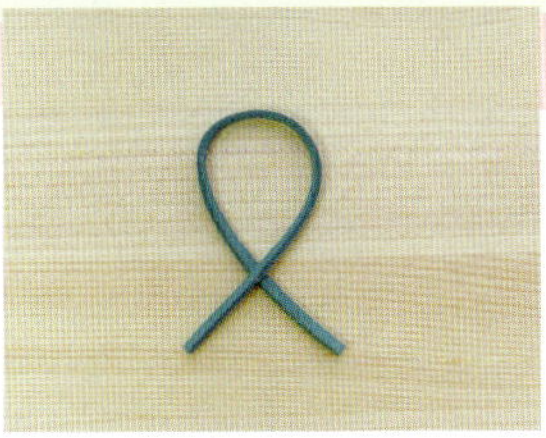

02 同一面朝上，绕出一个圆。

03 将上半圆往下折，注意此时是背面朝上。

04 先手缝几针固定。鹿皮绳较厚不易缝，所以手缝时要特别小心。

05 将小花缝于蝴蝶结中心处，蝴蝶结即完成。

蝴蝶结 II

01 将布片依纸型裁剪好。

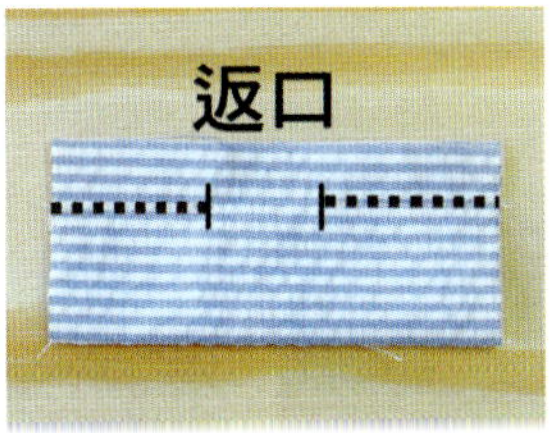

02 上下对折（正面相对），中间预留2.5cm的返口，机缝固定。

03 烫开缝份，机缝左右两侧。

04 将布翻回正面，四角若不平整可用锥子调整。

05 在中心处以平针缝缝一道，拉紧后打结。

06 将缎带从中间绕一圈，于蝴蝶结背面内折，手缝固定。

07 缎带另一端同样内折一小段，再将缎带缝合。

08 蝴蝶结即完成。

蝴蝶结Ⅲ

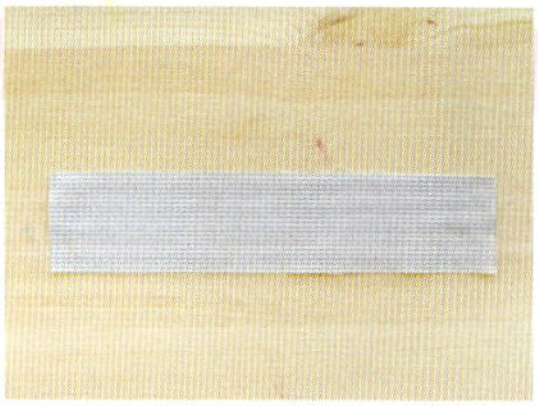

01 将布片依纸型裁剪好。

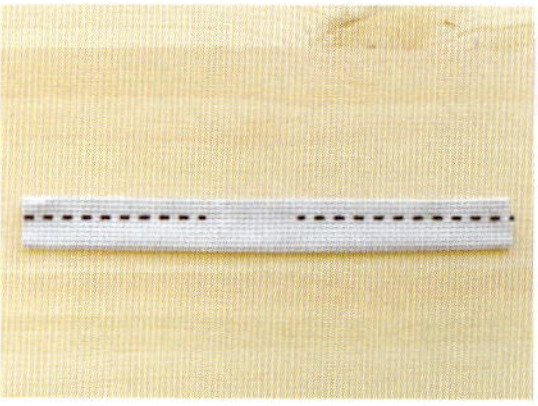

02 正面相对对折，中间预留2.5cm的返口，机缝固定。

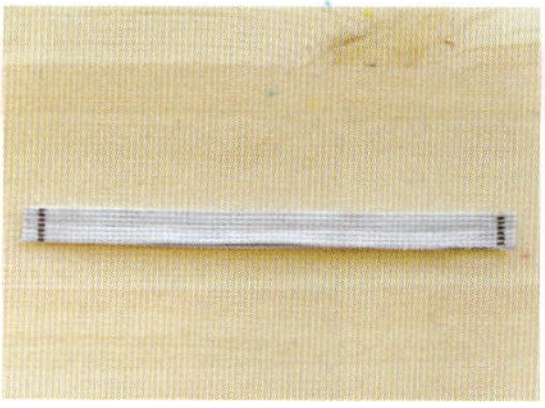

03 烫开缝份，机缝左右两侧。

04 翻回正面，四角若不平整可用锥子调整。

05 布片正面朝外对折，针线由内向外拉出后绕圈，再穿回原点拉紧打结。

06 第一段即完成。

07 将前段摊平，针线由中心处穿出来绕圈后拉紧打结。

08 蝴蝶结即完成。

花朵 I

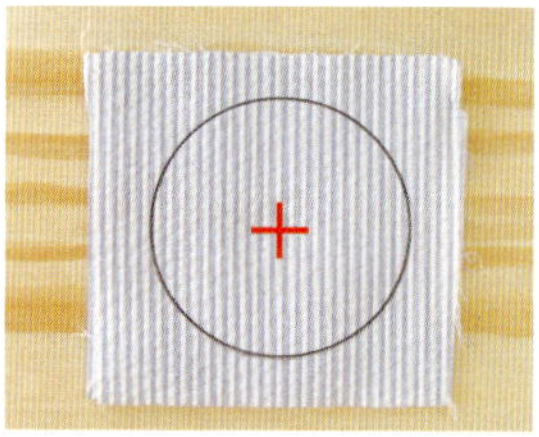

01 如图，将四片布叠放在一起，手缝上十字固定后画出直径6cm的圆形。

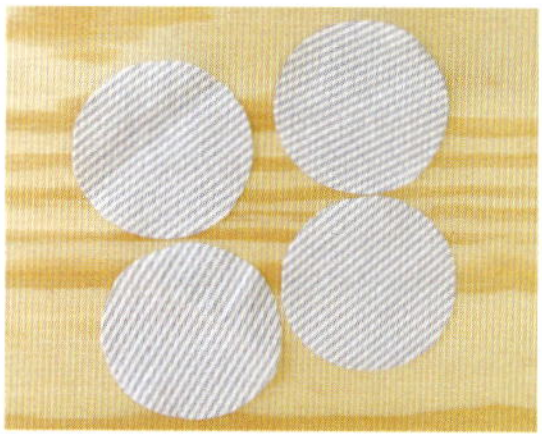

02 将圆形剪下即得到四片圆布片。

03 取一布片折成半圆，沿半圆形边缘以平针缝缝一圈。

04 拉紧后，即完成一片花瓣。

05 线不要剪断，依续串起另外三片花瓣。

06 将针线穿回第一片花瓣并拉紧。

07 从花心处以十字方式将花瓣拉紧，使中间的空心缩小。

08 完成后打结。

09 中心缝上花朵小木扣，即完成一朵小花。

花朵 II

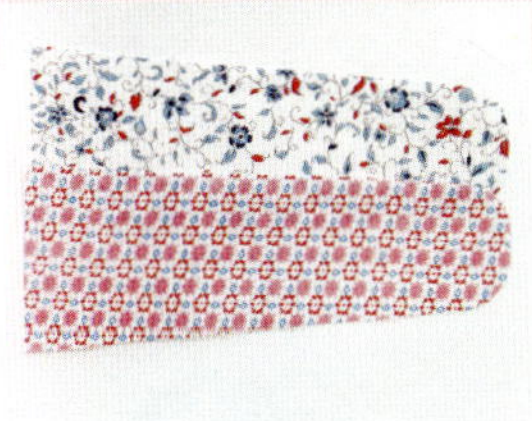
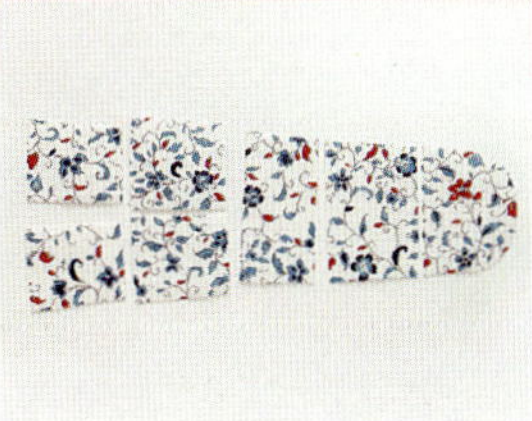

01 剪裁鞋面后剩下的布，可以拿来做布花。先将布片如图裁成七小片（数目可依实际所需而定）。

02 将剪下的布片叠起，并在中心处缝上十字固定（红线）；再依版型画下花瓣（黑线）。

03 这样即可裁出数片花瓣，若太厚则可分成两批剪裁。

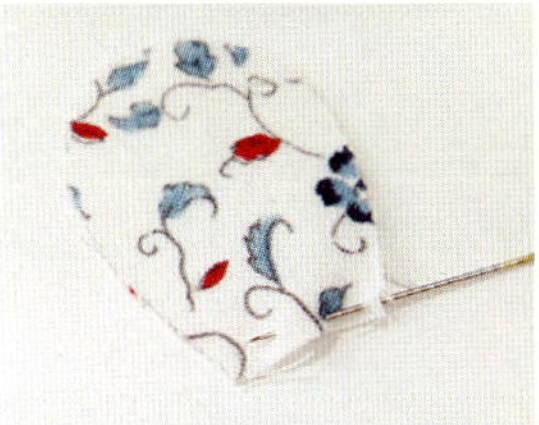

04 如图，在花瓣下缘以平针缝缝一道线。

05 再缝下一片，依续将花瓣串起。

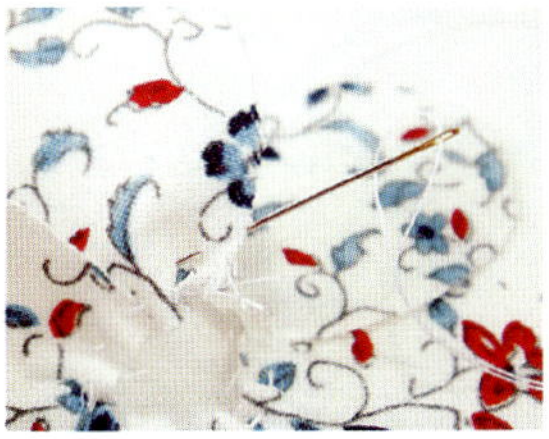

06 最后一片花瓣缝好后，将针线穿过第一片花瓣，并拉紧。

07 花瓣完成。

08 将另一布片对折后用丝针固定。

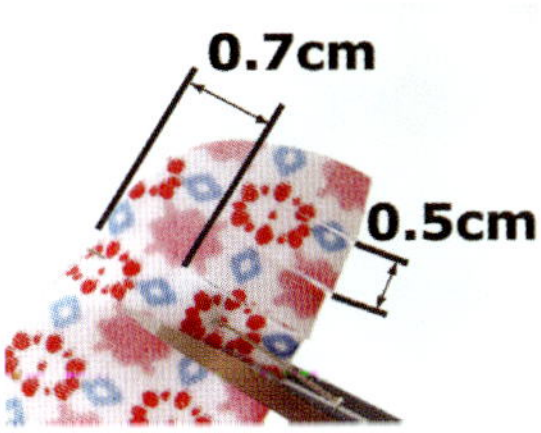

09 从边缘处起依序以0.5cm为间距剪一刀，不要剪太深，留0.7cm的距离卷布。此时要注意剪布是剪对折处。

10 整条剪好后从边缘开始卷布，卷成圆柱状。

11 卷好后如图所示，用丝针固定。

12 用针线将底部以十字方式固定，需注意要穿过每一层布。

13 再将花心与花瓣以十字固定。

14 再沿着花心边缘以对针缝的方式将两者缝合固定。

15 缝一圈后即可打结，花朵就完成了。

著作权合同登记号：图字16-2011-024

图书在版编目（CIP）数据

温柔手感　机缝室内鞋/李佩陵著．—郑州：河南科学技术出版社，2012.1

ISBN 978-7-5349-5307-1

Ⅰ.①温…　Ⅱ.①李…　Ⅲ.①鞋-制作　Ⅳ.①TS943.7

中国版本图书馆CIP数据核字(2011)第177520号

出版发行：河南科学技术出版社

地址：郑州市经五路66号　　邮编：450002

电话：(0371) 65737028　　65788613

网址：www.hnstp.cn

策划编辑：刘　欣

责任编辑：刘　瑞

责任校对：李　琳

装帧设计：百朗文化

印　　刷：北京瑞禾彩色印刷有限公司

经　　销：全国新华书店

幅面尺寸：190mm×240mm　　印张：7　　字数：200千字

版　　次：2012年1月第1版　　2012年1月第1次印刷

定　　价：29.80元

如发现印、装质量问题，影响阅读，请与出版社联系。